安全菜根谭

侯晓明　主编

中国石化出版社

内 容 提 要

本书以基层企业的安全理念为起点，借用《菜根谭》的体例，收集并编制了有关安全生产的警言、警句、警示、禁令等。主要内容包括安全教育、安全管理、安全事故、安全隐患、设备与工程、安全与效益、作业现场安全、法律法规制度、消防安全、交通安全、家庭安全、安全纪律、安全行为等十三个大类。本书词句通俗易懂、朗朗上口，具有较强的实用性和推广性。

本书可供基层生产企业领域的管理人员、安全技术人员以及其他员工学习和参考。

图书在版编目（CIP）数据

安全菜根谭 / 侯晓明主编 . — 北京：中国石化出版社，2017.10

ISBN 978-7-5114-4695-4

Ⅰ . ①安… Ⅱ . ①侯… Ⅲ . ①安全教育—普及读物 Ⅳ . ① X956-49

中国版本图书馆 CIP 数据核字（2017）第 253934 号

中国石化出版社出版发行

地址：北京市朝阳区吉市口路9号

邮编：100020　电话：（010）59964500

发行部电话：（010）59964526

http : //www.sinopec-press.com

E-mail：press@sinopec.com

北京富泰印刷有限责任公司印刷

全国各地新华书店经销

*

850×1168 毫米　32 开本　6.875 印张　109千字

2017 年 11 月第 1 版　2017 年 11 月第 1 次印刷

定价：32.00 元

《安全菜根谭》
编委会

主　编　侯晓明

编写人员　曹文磊　商　磊　陶　乐

孙吉波　杨　骅　汪艳庚

徐峥辉

稍读过点书的人都知道《菜根谭》，它是明朝洪应明收集编著的一部论述修养、人生、处世、出世的语录集，为旷古稀世的奇珍宝训。对于人的正心修身、养性育德，有不可思议的潜移默化的力量。几年前，台湾的著名漫画家蔡志忠先生将其内容绘成漫画出版，更受欢迎。

《菜根谭》这种以处世思想为主的格言式小品文集，其采用的语录体，作者以"菜根"为本书命名，意谓"人的才智和修养只有经过艰苦磨炼才能获得"。正所谓"咬得菜根，百事可做"。

一个很偶然的机会，我在书店买了一本《佛光菜根谭》。那是家喻户晓的星云大师按《菜根谭》的体例编制的，将星云大师的思想通过《菜根谭》式的表达，使得其佛光思想变得言简意赅、词句婉约，既富含人生的哲理，又兼具文学的优美，可以作为大家做人处事的座右铭。

笔者从事基层企业的安全管理工作三十余年，看到《佛光菜根谭》后突然感觉自己脑洞大开。如果说，《菜根谭》是教诲世人"去妄存真"的宝典，那《佛光菜根谭》也是一部教诲世人"行止在我"的宝典，那么，我们是不是可以借用《菜根谭》的体例，编写一本《安全菜根谭》，教诲我们企业的从业人员，不做安全生产上的"违法违规违纪"的"恶人"，而去做一个"遵章守纪执法"的"善人"，岂不是"咬得菜根，安全有望"？！

于是，我把这个想法与几位对安全工作有一定经验并对文字编写有一定兴趣的同志进行了沟通，得到了大家的共鸣。

对于《安全菜根谭》的编写，我们形成了共识。由于我工作所在石化行业，对安全工作的要求本身就比较高，因此我们首先就以石化企业的安全理念等为起点，收集有关安全生产的警言、警句、警示、禁令等，通过高度概括的片言只语，提升对"安全生产"的理解与敬畏。其次，大街小巷，社会上各行各业的安全警语到处可见，我们通过记录与传承，来达到教育人、警示人的目的。

虽然我们采用了《菜根谭》的体例，但我牵头带领的是一批"理工"人员，绝大多数是不精于对偶、平仄、韵律等规则，能达到字数均衡已经是不错的了。因此，我们没有去追求如诗如歌般优美流利，我觉得我们面对的是基层员工，只要能朗朗上口、通畅易读易记，哪怕白话土话也可收录在册。只是要向追求完美的读者人士致歉并望海涵。

在这里，我要说明一点，很多收集到的标语、警句，其实真正的作者早已难以查实，大家都按"拿来主义"在进行正能量的宣传，所以，我们认为只要有意义的，都可以引用，能加以更好的修饰完善则更好。这不也是提出标语、警言的原始作者的目的？我们把零散在各地各处的安全警言警语归类收集在一起，并进行合理的修编，其新的意义是不言而喻的。我们的目的不是经济盈利、不是沽名钓誉，是让人们体悟意义深远的安全理念、控制安全风险、防患于未然。如真的选用了其中某位明确有著作权的作者的作品，还请多多见谅。

我们认为，不同行业的安全生产特点具有一定的相通性，坚信《安全菜根谭》也能对其他行业的人士也有相当的警醒作用。希望《安全菜根谭》能发挥很好的作用。

主编：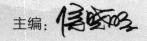

目录

CONTENTS

第一章

安全教育部分

001 警言千万句，教育第一句；

制度千万篇，安全第一篇；

预案千万条，生命第一条；

措施千万例，落实第一例；

人才千万个，素质第一个；

管理千万计，有效第一计。

002 安全教育的重点对象：

初来乍到的新工人；好奇爱动的青年人；

变换工种的改行人；萌生退意的大龄人；

急于求成的糊涂人；习惯违章的固执人；

手忙脚乱的急性人；心存侥幸的麻痹人；

满不在乎的粗心人；身缠难事的忧愁人；

凑凑合合的懒惰人；冒冒失失的莽撞人；

吊儿郎当的马虎人；满腹委屈的怨愤人；

冒险蛮干的危险人；情绪波动的烦心人；

投机省事的"大能人"；不看规程的"聪明人"；

大喜大悲的"异常人"；不求上进的"抛锚人"。

003 安全需要及时雨，教育不要马后炮；
磨刀不误砍柴工，安全教育不放松；
胸有成竹不迷路，牢记规章防事故；
平时多练基本功，技多不怕难事来；
遇到事故如八仙，安全生产显神通。

004 安全教育，切忌枯燥；深入浅出，好学易记。
宣传引导，入耳入脑；正反典型，解剖分析。
生动活泼，入情入理；不图形式，注重实效。
吸取教训，举一反三；思想警觉，行为自觉。

005 抓思想为安全服务，抓安全从思想入手；
强化一线教育管理，提高员工安全意识；
养成遵章守纪习惯，加强班组安全建设；
宣传企业安全文化，促进全员文明生产；
居安思危天天平安，防患未然年年泰平。

006 安全知识，系统实用才有效；
安全教育，学做结合促提升；
安全学习，真学真懂才管用；
安全技能，常学常练促提高。

007 安全培训非一概而论，因材施教才能学以致用；
安全技能非一日之功，日积月累方能铁杵成针；
安全文化非一蹴而就，经年累月就能深入人心；
安全生产非一步登天，万众一心即可渐入佳境。

008 安全教育不松懈，
隐患排查不马虎，
违章处理不含糊，
问题整改不拖延。

009 安全知识靠学习，安全意识靠自觉，
安全行为靠自律，安全生产靠全员。

010
生产是花，安全是根；要想花美，必须强根。

放眼全局，突出重点；千头万绪，安全为先。

幸福是树，教育是土；要想树高，注重培训。

安全防范，不可轻视；以人为本，防患未然。

安全教育，不可中断；理论为基，实操结合。

重视安全，才有平安；轻视安全，报以痛苦。

011
安全培训，必须一丝不苟；

安全考试，必须真刀实枪；

安全教育，必须入脑入心；

安全学习，必须务实求真。

012
愚者把安全置于脑后，智者把安全放在首位；

愚者对教训不以为然，智者以教训察己之短；

愚者以流血换取教训，智者用教训制止流血；

愚者把悔恨留在事后，智者把预案做在事前；

愚者因错误带来损失，智者用安全换来效益。

013 对粗心人讲安全，千言万语不嫌多；
对有心人讲安全，千趟万次不嫌烦。

014 安全教育是根基，持证上岗是必须；
安全培训不认真，遇有情况就发懵；
上岗之前勤练功，应对险情亦从容；
应知应会皆掌握，岗位成才立新功。

015 独木不成林，百炼方成钢；
安全抓培训，文化须先行；
培训要有效，科学加经验；
凝聚千人力，安全促生产。

016 安而不忘危，脑中装安全；
稳而不忘乱，口中讲安全；
长而不忘险，眼中查安全；
满而不忘限，心中记安全；
优而不忘缺，行动保安全；
——安稳长满优，处处靠安全。

017 蒙眼行路不辨方向，
知识技能缺乏遇事只会手忙脚乱；
曲不离口时时操练，
培训常态有效遇险才能头脑清醒。
呵护生命不可间断，
教育防护完善遇事才能泰然自若；
安全警钟始终长鸣，
防范能力提升遇险才能化险为夷。

018 箴言者苦口婆心谏安全，宁为安全多想一分；
顺情者投其所好隐灾祸，突发事故后悔一生。

019 订安全规章制度，千句不多；
学安全知识技能，百样不够；
想安全风险对策，十分保障；
违安全规程要求，一次没有。

020 安全天天讲，关键记心上；
带着问题学，针对问题改；
要求要明确，执行必坚决。

021 学习安全知识，掌握安全技能；
员工创造安全，安全保障幸福。
宣传安全理念，凝聚发展共识；
企业实现安全，员工最大福利。

022 遵章有规程，不干违章活；
守纪听指挥，不干冒险活；
教训应牢记，不干玩命活；
安全忌凑合，不干侥幸活；
团结要齐心，不干赌气活；
劳逸结合好，不干疲劳活；
过程勤检查，不干粗心活；
专心莫闲谈，不干溜号活；
互相多关照，不干马虎活；
问题找组织，不干包袱活。

023 我要安全才能人人安全，
我懂安全才能事事安全。

024 厂规厂纪认真学，做人做事要遵守；
规程规范记心间，我行我素要不得。

025 提高安全素质，减少人的不安全行为。
应用先进技术，消除物的不安全状态。
紧绷思想之弦，弹出平安快乐的曲调。
唱响安全之歌，彰显我要安全的理念。

026 宣贯安全制度，规范员工行为；
倡导安全文化，提高员工素质。

027 后悔不迭的，往往是不善于接受批评劝诫的人；
祸不单行的，往往是不善于吸取事故教训的人。

028 安全意识是每位员工的试金石，
安全体系是每家企业的防火墙，
安全行为是每位员工的生命线，
安全文化是每家企业的传家宝。

029 警钟长鸣，声声不绝于耳；
防微杜渐，字字谨记于心。

030 要安全是意识，
会安全是技能，
守安全是责任，
保安全是目标。

031 以事故为镜，可知隐患无情；
以教训为镜，可知安全无价。

032 隐患是灾祸之种，埋在疏忽大意的泥土里；
知识是滋润之雨，浇在安全文化的秧苗间；
事故是厄运之果，结在违章蛮干的藤蔓中；
安全是幸福之花，开在遵纪守法的枝头上。

033 没有主人翁精神，可悲；
没有安全法意识，可恨；
出了事故哇哇叫，可怜；
——可怜之人必有可恨之处！

034 安全口号不能坐而论道，
要成为工作中必备的风向标；
安全制度不能光说不练，
要成为操作前必念的紧箍咒；
安全技能不能纸上谈兵，
要成为应急时必用的护身符。

035 安全技术不学习，遇到事故干着急；
平时多练基本功，安全生产显神通。

036 丰富安全知识，武装自己的头脑，
无知加大意必危险；
提高安全意识，增强敏锐的眼光，
防护加警惕保安全。

037 安全大家谈，经验越谈越多；
安全大家做，根基越夯越牢。

038 安全思想一放松，事故必然来进攻；
筑起堤坝洪水挡，练就技能事故防。

039 反思事故教训，教训入心人人警惕；
总结安全经验，经验开花处处结果。

040 安全意识"得过且过",危险隐患"得寸进尺";
安全措施"按兵不动",事苗事故"暗箭伤人";
规程可能"三言两语",落实不能"三心二意";
违章难免"英雄气短",遵纪方可"儿女情长";
自主保安"三省吾身",相互保安"安危与共"。

041 上安全知识课程少动脑筋;
看安全教育影片少了眼睛;
听安全文化宣传少了耳朵;
当然在事故面前没了脑子!

042 牢记安全禁令,切记用血泪换来的制度;
忽视血的教训,必成安全警示反面典型。

043 事故教训常讲,安全生产平稳;
事故警钟常鸣,家庭幸福安康。

044 安全没有上限，只有更好，没有最好；
安全要有底线，只有坚守，没有通融；
安全突破防线，只有悔恨，没有回头。

045 岗位练兵凭能力，安全工作比耐力；
言行一致有恒心，安全生产添信心。

046 安全第一天天讲，事故隐患常预想；
大事小事分缓急，凡事安全最优先；
守法守纪守规矩，安全安命安人心；
黄金有价命无价，人身安全事最大。

第二章

安全管理部分

001 抓安全监管要有愚公精神：锲而不舍；
抓安全措施要有关公精神：勇往直前；
抓安全处罚要有包公精神：六亲不认；
抓安全帮教要有济公精神：苦口婆心。

002 抓好安全队伍，确保技能过硬；
强化思想引领，确保意识过硬；
培育优良传统，确保作风过硬；
提升整体素质，确保业务过硬；
坚持严抓细管，确保管理过硬。

003 思想多一份警惕，现场少一出悲剧；
头脑少一丝麻痹，安全多一道护栏；
安全多一分思考，操作少一些风险；
作业少一次违章，生命多一份精彩；
管理多一点精细，事故少一个案例；
预案少一个漏洞，应急多一重保障。

004 冒险是事故之苗，谨慎为安全之本；
以安全发展为荣，以发生事故为耻。

005 生命是安全的本质，责任是安全的灵魂；
勤政是安全的前提，敬业是安全的保障；
规程是安全的导师，效益是安全的果实。

006 奖要奖得心动，对有功人员一分不少，
对无关领导一分不给；
罚要罚得心痛，对涉及人员决不留情，
对有责领导决不姑息。

007 全流程抓安全管理，关键点一个不能少；
全方位抓隐患治理，投入量一点不能省；
责任心是安全之魂，标准化是安全之本；
严管理铸安全文化，让文化播安全理念。

008 他人"亡羊"我"补牢",吃一堑来长一智;
安全"警钟"须长鸣,安全"红线"定远离。

009 完善应急程序,要明确什么事、做什么、
谁来做、怎么做;
加强应急管理,重点是决策快、关键明、
流程清、标准严。

010 谁在控制谁负责,
谁是源头谁负责,
谁的属地谁负责,
谁是主管谁负责,
谁的业务谁负责,
谁的岗位谁负责。

011 安全管理,全员参与;一丝不苟,不讲情面。
三分投入,七分管理;勤查勤检,消除隐患。
一分责任,十分落实;上下结合,事故难现。
专管成线,群管成网;常抓不懈,防微杜渐。

012 安全氛围，文化先行；
上级带头，领导示范；
以上带下，上下联动；
上行下效，才见实效。

013 安全责任，重在落实；
加强监管，强化执行；
企业负责，行业管理；
国家监察，群众监督；
真管真严，敢管敢严；
重在自查，主动整改；
不查严处，重犯倍罚。

014 安全氛围大家建，严格管理是真爱；
安全监督要到位，放纵懈怠是祸害；
公司领导亲自抓，业务部门对口抓；
基层单位具体抓，违章查处人人抓。

015 管理、装备、培训三并重，
安全、生产、效益三同时。

016 安全生产只有起点，没有终点；
安全业绩只有更好，没有最好。

017 对三违的容忍，就是对员工的溺爱；
对陋习的制止，就是对员工的友爱；
对遵章的表彰，就是对员工的厚爱；
对严管的支持，就是对员工的珍爱；
对教训的反思，就是对员工的训爱；
对职防的重视，就是对员工的仁爱；
对预案的演练，就是对员工的关爱；
对事故的严查，就是对员工的威爱。

018 只有耕耘，才有收获；
只有安全，才有幸福；
只有严管，才有稳定；
只有长治，才有久安。

019 安全管理，严字当头，细字为先，实字托底；
全程监管，每个节点，每个工序，每个步骤。

020 以安全第一为荣，以忽视安全为耻；
以严格管理为荣，以姑息迁就为耻；
以责任落实为荣，以失职渎职为耻；
以执行标准为荣，以违章操作为耻；
以事前预防为荣，以盲目蛮干为耻；
以自保互保为荣，以伤人害己为耻。

021 要灌输安全理念到别人的心里，先要自己成为
一名安全卫士。

022 安全管理干部必须要有：
铁一般的信念；铁一般的勇气；
铁一般的纪律；铁一般的担当。
安全管理工作必须做到：
从严管理力度要够；创新思路方法要多；
督促落实执行要快；效果反馈检验要真。

023 生产安全，你管我管大家管，才平安。
事故隐患，你查我查人人查，方安全。

024 生命至高无上，平安千金难买；
安全责任为天，命运自己主宰；
素质源自训练，安全源自严管；
重视事事安全，大意处处隐患。

025 领导不讲安全，违章指挥等于杀人；
自己不讲安全，违章作业等于自杀；
他人不讲安全，违章不纠等于帮凶。

026 安全目标要实现，基层员工是关键；
摸爬滚打在现场，隐患缺陷最清楚；
培训管理全到位，全员参与我作主；
事故违章皆消灭，企业家庭尽开颜。

027 安全体系，不可不全；

安全人员，不可不配；

安全思想，不可不牢；

安全意识，不可不强；

安全基础，不可不实；

安全教育，不可不要；

安全规程，不可不严；

安全隐患，不可不改；

安全防范，不可不紧；

安全行为，不可不慎；

安全纪律，不可不管；

安全告示，不可不看；

安全警言，不可不想；

安全识别，不可不做；

安全手续，不可不办；

安全程序，不可不走；

安全操作，不可不稳；

安全事故，不可不查；

安全管理，不可不细；

安全问责，不可不究。

028 我的安全我负责，别人安全我有责；
安全需要"白加黑"，管理必须"五加二"。
安全红线不能碰，违章违纪不留情；
宁做安全真好汉，不做违章假英雄。

029 安全"铁面人"，关怀胜亲人；
若当"老好人"，最终害死人。

030 与安全为友，一路畅行；
与安全为敌，寸步难行。

031 粗心大意是事故的温床，草率马虎是隐患的推手；
放任不管犹任枝蔓丛生，严厉制止就是挽救生命；
一处蚁穴毁掉千里长堤，一人疏忽破坏百年大计；
一纲一目同筑安全天网，一心一意结出和谐硕果。

032 每一名管理者要有勇气对自己说："我的安全还没有做到位"。

每一名管理者要有底气对别人说："我的安全已经做到位了"。

033 管理漏洞是最大的危险，
投入不足是最大的缺陷，
思想麻痹是最大的隐患，
违章蛮干是最大的祸端。

034 安全第一贵在行动，预防为主从我做起；
血泪铸成警世鸣钟，防范意识自觉增强；
遵章守纪一丝不苟，执行标准一点不差；
听天由命事故连连，严管严防安全天天。

035 生命没有如果，安全没有假如；
安全只喊不抓，等于养虎为患。

036 安全工作与业务工作必须"五同时"：
同要求、同部署、同落实、同检查、同考核。

037 学安全知识，懂劳动保护；
行科学管理，保效益发展。

038 安全为天，人为根本；
威严于外，慈爱于心；
责任至上，勇于担当；
真抓实管，敢于碰硬。

039 多半事故源于侥幸，万般痛苦皆因麻痹；
一时大意埋下隐患，一念之差后悔一生；
危险隐患躲躲闪闪，逐个排除不可轻视；
党政工团齐抓共管，方方面面筑起防线。

040　安全是宝，越多越好；
　　　　安全有法，监督大家；
　　　　安全是财，无事自来；
　　　　安全有爱，福佑你我；
　　　　安全是利，惠泽四邻；
　　　　安全有名，前途光明。

041　马失前蹄，连累骑者；
　　　　他人违章，祸及自己。
　　　　隐患不除，事故趁虚；
　　　　现场监督，风险消除。

042　安全是珠子，尽责是链子，用链子串起珠子就
　　　　可以换来一串幸福链；
　　　　工作是花朵，尽职是养料，用养料培育花朵就
　　　　可以收获一片芬芳园。

043 抓安全工作必须知道:
哪些必须做,哪些应该做,哪些不能做;
哪些是红线,哪些是底线,哪些是高压线。

044 安全管理关键:
制度管控的重点、内部管理的特点、问题易发的弱点、群众反响的热点。
企业内部与承包商管理一致、企业内部与供应商管理一致、企业内部与服务商管理一致。

045 太阳每天都是新的,安全每天都是实的;
安全是生产的基础,管理是安全的保证。
落实一项安全措施,胜过十句宣传口号;
成绩得于点点滴滴,管理渗透方方面面。

046 人的生命一生一次,重视安全一生一世;
抓安全需分分秒秒,除隐患查角角落落。

047 把所有管理工作和行为关进制度的笼子。

048 忽视安全抓生产似火中取栗，
不顾安全求效益如水中捞月；
横向到边管安全必事事紧抓，
纵向到底反违章须层层监管。

049 树立安全理念，坚持安全生产；
落实安全责任，夯实安全基础；
强化事前预防，确保本质安全；
树立企业形象，弘扬安全文化；
严格安全问责，凝聚安全共识；
保证平稳安全，提高企业实力。

050 一处隐患酿成事故，一次违章葬送幸福；
离安全红线远一点，保险系数就高一点。

051　生产要规范，管理是关键；
　　　　安全送人情，等于要人命；
　　　　违章不狠抓，害人又害己；
　　　　安全管人人，人人谋安全。

052　安全生产，人人有责；
　　　　生产再忙，安全不忘。
　　　　教训是血，规章是铁；
　　　　安全管理，常抓不懈。
　　　　小洞不补，大洞难堵；
　　　　抓而不紧，等于不抓。
　　　　从严管理，锱铢必较；
　　　　手到心到，确保安全。

053　安全像张弓，不拉它就松；
　　　　要想安全保，常把弓弦绷。

054 安全隐患要预警，措施落实最重要；
事故没有后悔药，严格执标保安全；
一日安全一日新，天天安全值万金；
生命没有回头路，亲人盼你平安归。

055 安全管理要有铁石心肠；
安全督查要有母亲胸怀；
安全措施必须踏石留印；
遵章守纪要成永久伴侣。

056 抓三违语重心长三冬暖，处处小心；
保安全良言入耳众人安，安全是福。

057 安全是一台"天平"，可秤出领导的心灵；
只有心系员工群众，才能恪守安全职责。

058 安全管理必须不放松警惕、不搞特殊化、不抱
侥幸心理；
安全工作要无愧领导的信任、群众的嘱托、家
人的期盼。

059 安全无真空，管理无止境；
上下讲规范，左右保平安。

060 安全年月日，分分秒秒讲安全；
时时鸣警钟，日日夜夜抓安全；
处处不放松，岁岁年年保安全。

061 执行劳动安全法规，依法严格生产管理；
加强组织相互协作，推进安全综合治理。

062 安全第一，预防为主；
以人为本，科学管理；
抓铁有痕，强化落实；
严防严管，全面保障。

063 安全事关经济发展，强化安全生产管理，
保障企业、员工利益；
安全事关社会安定，强化安全生产管理，
保护企业、群众安康。

064 企业持续发展前程锦绣，全面强化安全至关重要；
安全文化理念深入人心，员工安全意识全面增强；
现场风险意识显著提高，事故管控能力有效提升；
设备隐患治理明显改观，生产装置运行稳定可靠。

065 生产管理高效率，安全生产排第一；
坚定不移抓管理，理直气壮管安全；
管理基础打得牢，安全大厦层层高；
安全生产人人管，平安幸福你我他。

066 高楼大厦靠基础，生产安全靠班组；
安全不能有漏点，管理不能有盲点；
日常管理求精细，科技第一生产力；
斗转星移光阴逝，日积月累安全来。

067 员工是企业的主人，安全是员工的生命；
规章制度紧系生命，自觉遵守保障太平；
管理应从细节着手，查处应从小事入手；
与其惋惜昨日事故，不如今天严格管理。

068 安全理念来自科学技术，利用知识提升安全理念；
安全监管必须科学管理，依靠科技支撑安全监管。

069 安全抓得严，员工生活甜；
安全抓得细，员工都受益。

070 好钢靠锻打，重在千锤百炼；
技能靠磨练，重在行之有效；
人才靠培养，重在精益求精；
安全靠管理，重在千思百虑。

071 抓质量如同与对手挑战，
抓安全如同与敌人作战。

072 发展是硬道理，安全是命根子。

073 安全是管理的最终成果，是企业员工的共同需要；
安全是生存的最大靠山，是企业兴旺的力量源泉。

074 语言严厉比蜜甜，不该反感发牢骚；
要你遵章为你好，幸福莫忘安全员。

075 安全管理是生产运行的"压路机"，
只有铺平道路，企业才能稳步前进。

076 反三违全员全方位，并非就事单打独斗；
若堵不住三违的路，就迈不开生产的步。

077 管理界线不能真空，思想防线不能松懈；
作业红线不能触碰，安全底线不能逾越。

078 安全工作必须：
时时抓、抓时时；头头抓、抓头头；
重点抓、抓重点；反复抓、抓反复。

079 搞好安全生产的首要条件：
一个坚强有力的领导班子，
一支攻坚克难的干部队伍，
一支爱岗敬业的员工队伍。

080 安全重中重，关键在基层，
眼睛往下看，身子往下沉，
劲头往下使，一切向下倾。

081 安全工作不能满足于开了会议、提了问题、
发了指示；
安全工作必须注重于跟踪指导、督促检查、
落实措施。

082 安全干部"三懂四会五过硬"：
三懂：
懂安全、懂风险、懂管理。
四会：
会解读法规、会风险识别、会明确措施、会四
不放过。
五过硬：
思想过硬、素质过硬、作风过硬、业务过硬、
能力过硬。

083 "三违"是安全生产拦路虎，
"遵章"是安全生产先行官。

084 今天对安全的松懈，换来明天的灾难；
今天对安全的严格，换来明天的幸福。

085 安全工作负能量：
中心聚焦点分散，核心结合度不够，
管理着力点不准，保障作用力不强。

086 把"责任心强、能力突出、注重实干、执行力
强"的一线员工提拔到班长组长岗位；
把"表现突出、尽职负责、业务精干、善于管
理"的一线班长提拔到基层管理岗位；
把"履职力强、经验丰富、能力出众、敢抓善
管"的基层人员提拔到专业管理岗位。

第三章

安全事故部分

001 一根再细的头发也有它的影子，
一个再小的事故也有它的苗子，
把一个小的事故苗子当事故抓。

002 不怕千日紧，只怕一时松；
疾病从口入，事故由松出；
国家受损失，个人遭痛苦；
重在守规章，事故不难防。

003 酿成一起事故必会人财俱伤，
消除事故隐患并非惊天动地；
处置事故的真心英雄须表彰，
化解事故的无名英雄必重奖；
企业只重视事故处置者愚昧，
领导能发现消除事故者英明。

004 思想松一松，事故攻一攻；
思想走了神，事故瞬间生；
求快不求好，事故常来找；
隐患不消除，事故难堵住；
制度有漏洞，事故就钻空；
预则危转安，事故不再来。

005 谁不善于向事故提问号，事故就必会给谁画句号；
千忙万忙出了事故白忙，千苦万苦受到伤害最苦。

006 跟着感觉走，图一时方便，
事故恶果来自屡教不改和小错不断；
跟着规程做，求一丝不苟，
安全成效来自严谨细致和小事起步。

007 安全给遵章者胸前佩戴红花，
事故给蛮干者身上留下伤疤。

008 上班不要想其他，事故专找马大哈；
远离事故高压线，珍爱安全生命线；
只要安全放心中，事故就是纸老虎。

009 十起事故九违章，三令五申常宣讲；
关键意识强不强，健康生活谁不想？
出了事故别塞搪，抓到本质才算强。

010 安全经验是明灯，明灯不添油不亮，
以经验为灯可知隐患无情；
事故教训是镜子，镜子不擦拭不明，
以教训为镜可知安全重要。

011 三违是座独木桥，生命没有回头路；
安全生产千万天，事故就在一瞬间。

012 任何事故都可以追溯到管理原因
——没有杜绝不了的事故，只有惩罚不力的监管。

013 大事化小，教训难找；
小事化了，后患不少；
事故出了，悔之已晚；
四不放过，才是王道。

014 只知道同情事故受害者而不吸取教训，
下一次事故的受害者可能就是你自己。

015 安全是遵章者的光荣花，
事故是违章者的耻辱碑。

016 上班之前酒不沾，提防事故把空钻；
头脑清醒反应快，事故见你就遛弯。

017 技术天天练，事故日日防，
上班一走神，事故敲你门。

018 出事不能弯弯绕，四不放过要记牢；
排除路障好行车，事故防患于未然。

019 班前休息好，事故就减少；
班前一杯酒，事故在招手；
遵章不含糊，作业无事故；
工作虽辛苦，家庭最幸福。

020 安全为了生产，生产必须安全；
安全来自预防，事故源于麻痹；
安全在于谨慎，事故多因违章；
安全时时注意，事故处处预防。

021 晴带雨伞饱带粮，事故未出预防先；
船到江心补漏迟，危险临头后悔晚；
常添灯草勤加油，警钟常敲提醒勤；
千里之堤存蚁穴，事故洪流封堵难。

022 补漏趁天晴，防贼夜闭门；
事故防在先，处处保平安。

023 事故牵动千万家，安全要靠你我他；
自己有痒自己抓，自己跌倒自己爬。

024 鲜花不精心培育会枯萎，生产不注意安全将遭殃；
掩盖事故如同饮鸩止渴，隐患不除等于放虎归山。

025 马在软地上易打错步，人在麻痹中易出事故；
眼睛容不下一粒沙子，安全来不得半点马虎。

026 一秒钟的事故，一辈子的痛苦；
麻痹屡致事故，预防常保安全。

027 事故猛于虎，安全贵如金；
措施不兑现，事故在眼前；
生命如流水，不售返程票；
安全你一人，幸福全家人。

028 遵章守纪阳光道，违章违纪独木桥；
寒霜偏打无根草，事故专找懒惰人。

029 事故不长眼，你严他就远；
疏忽一瞬间，事故把空钻；
一人出事故，殃及全家人；
众人保安全，幸福千万家。

030 龙生九子各不同，一样事故原因多；
十次事故九违章，麻痹大意终遭殃；
班前预想班中防，事故苗头难漏网；
精心操作细检查，消灭事故于萌芽。

031 试图用金钱摆平事故，但摆不平人心；
企图用金钱逃避教训，却挽不回生命。

032 安全是幸福家庭的保障，事故是人生悲剧的祸根；
三违是用你自己的双手，推你向事故伤害的深渊。

033 事故就在刹那间，时刻精心保安全；
防范措施做得好，安全事故出得少。

034 苍蝇不叮无缝蛋，事故专找大意人；
灾害常生于疏忽，祸患多起于粗心。

035 事故和安全是近邻，疏忽大意易走错门；
松松垮垮等事故来，严格和认真保安全。

036 粗心是隐患的温床，马虎是安全的暗礁；
蛮干是灾祸的起点，事故是痛苦的深渊；
责任是平稳的基础，认真是成功的保障；
遵章是安全的前提，安全是幸福的桥梁。

037 安全第一贵在行动，预防为主从我做起；
安全来自警钟长鸣，事故源于瞬间麻痹。

038 事故的血流在愚者的身上，愚者用鲜血换取教训；
事故的血流进智者的心里，智者用教训避免事故。

039 链条断在细处，事故出在松处；
安全在于心细，事故来自大意。

040 三违不反，事故难免；
只要上岗，集中思想；
急躁越多，智慧越少；
一时疏忽，终身痛苦。

041 安全措施不兑现，事故发生在眼前；
安全关联你我他，年终目标会实现。

042 莫道违章是小事，桩桩事故是教训；
麻痹大意事故来，时时警惕安全在。

043 千里之堤，溃于蚁穴；
生命之舟，覆于疏忽；
祸在一时，防在平日；
安全要讲，事故要防；
安不忘危，乐不忘忧；
功在当代，利在千秋。

044 严格要求安全在，放松警惕事故来；
安全措施要到位，事故和你不相会。

045　谨慎小心是安全的铺路石，
　　　麻痹大意是事故的导火索；
　　　遵章守纪是安全的保险带，
　　　骄傲自满是事故的催生素。

046　小心无大错，粗心铸大过；
　　　生产秩序乱，隐患到处窜；
　　　规章抛脑后，灾难跑眼前；
　　　安全在心中，事故去无踪。

047　保安全千日不多，出事故瞬间有余；
　　　事故发生刹那间，安全防范点滴起；
　　　事故隐患不除尽，等于放虎归山林；
　　　与其处理事故忙，不如平日早点防。

048　安全措施订得细，事故预防有保证；
　　　宁为安全操碎心，不让事故害人命。

049 麻痹出事故，侥幸是祸根；
操作不谨慎，事故找上门；
不懂莫逞能，警惕保安全。

050 安全来自严谨，事故出于松散；
实干带来安全，蛮干招来祸端。

051 病魔趁体虚而入，灾祸因麻痹而生；
事故警钟时时敲，安全之弦紧紧绷。

052 安全是琴弦，常拉才能奏和谐；
教训是警钟，多敲才能创平安。

053 不听规劝，吃亏眼前；
推诿扯皮，事故必现；
停工追查，不可免责；
等级事故，双规牢饭。

054 严为安全之本，松为事故之源；
检查走马观花，事故遍地开花。

055 安全在于警惕，事故生于麻痹；
事事注意安全，处处预防事故；
宁为安全憔悴，不为事故流泪；
事故害人害己，安全利国利民。

056 省工省劲一阵子，事故害你一辈子；
确保平安全家福，出了事故全家苦。

057 安全来自长期警惕，事故源于霎时麻痹；
听天由命事故连连，把握规律安全百年。

058 多看一眼，心有明鉴；
多想一点，有惊无险；
多防一步，少出事故；
安全放松，人财两空。

059 增强安全意识，杜绝生产事故；
落实应急预案，加强事故防范。

060 安全源于上岗时的心细，事故源于上岗后的大意；
安全是家庭幸福的保证，事故是人生悲剧的祸根。

061 你对三违讲人情，事故对你不留情。
你对安全不重视，事故对你不放手。

062 生命诚可贵，幸福价更高；
若想无事故，安全要记牢。

063 事故如虎狼，常常暗中藏；
事故似幽灵，时时要清醒；
事故像暗箭，处处需提防；
一时不留神，事故把人伤。

064 铁锅穿孔，往往由一点锈蚀开始；
事故发生，常常因一丝隐患引起。

065 三违是事故的起因，事故是三违的后果；
遵章是安全的条件，安全是遵章的成果。

066 在事故发生后仍不觉悟，就是更严重的三违；
对事故责任者姑息迁就，就是最严重的纵容。

067 大意是失败的起点，慎行是成功的开端；
麻痹是事故的初始，警惕是安全的源头；
尝到失败滋味的人，能懂得成功的意义；
懂得安全真谛的人，能抑制事故的发生。

068 当疾病流行的时候，才知道健康有多么重要；
当事故发生的时候，才知道生命有多么可贵。

069 侥幸麻痹痛苦留，蛮干逞能把命丢；
省事省钱埋隐患，安全事故早晚有。

070 严是爱，松是害，粗枝大叶事故来；
严是爱，松是害，蜻蜓点水隐患留；
严是爱，松是害，三老四严安全在；
严是爱，松是害，严细精神代代传。

071 安全保障及时到位，方可提升本质安全；
事故预防准确超前，就能避免安全事故。

072 侥幸大胆出事故，祸根萌芽于违章，
石化生产危险大，遵章作业就不怕。

073 生命最宝贵，安全第一位；
防范加警惕，事故远离我。

074 麻痹是悲剧的最佳导演，
愚昧是灾祸的替身演员；
所有的预案须经常排练，
所有的事故都不应重演。

第四章

安全隐患部分

001 查隐患不能《潇洒走一回》，
堵漏洞不能《跟着感觉走》，
订预案必须《无条件为你》，
抓安全必须《爱拼才会赢》。

002 隐患面前无绿灯，从严管理抓安全；
安全意识多一点，事故隐患少一些；
隐患风险处处藏，逐个排除莫放过；
人人自觉查隐患，幸福安全有保障。

003 安全嘴上提，不如现场跑；
巡检严细实，隐患无处逃。

004 大隐患、小隐患、件件是隐患；
你排查、我排查、人人都排查；
勤整改、细整改、条条都整改；
想安全、要安全、事事都安全。

005 严盘细查安全隐患，精益求精防患未然；
检查隐患横眉冷对，杜绝事故笑逐颜开；
侥幸成功不是经验，冒险蛮干不是勇敢；
一念之差后悔一世，执行规程幸福终生。

006 生命本无价，论价已是催泪时；
除患应有期，久拖必生悲苦事。

007 天天讲安全，时时防隐患；
刻刻都谨慎，安全皆欢喜；
检查维护细，隐患无处藏；
事故如恶鬼，规程是钟馗。

008 隐患是事故的导火线，一触即发；
安全是家庭的幸福源，源远流长。

009 反违章，堵漏洞；
除隐患，保安全；
全覆盖，零容忍；
严执法，重实效；
促生产，创效益。

010 安全隐患猛于虎，安全生产大于天；
安全隐患要预警，隐患排查最重要；
安全隐患不排除，等于生产有毒瘤；
安全投入不可缺，措施兑现要做到；
预防为主事故少，确保安全人人笑。

011 麻痹是隐患的温床，隐患是事故的胚胎；
失职是最大的隐患，违章是最大的祸根；
细致是隐患的克星，技能是安全的支柱；
规范是安全的基石，安全是增效的载体。

012 今朝隐患，明日灾难；
隐患细节，时时查看；
抓大除小，处处防范；
消除隐患，刻不容缓；
堵塞漏洞，防患未然；
麻木怠慢，终生抱憾。

013 上班多一份责任，下班少一份担心；
作业多一点认真，安全少一点隐患。

014 抓基础从细处着眼，防隐患从小处着手；
小洞不补大洞难堵，小患不防大患难挡。

015 玻璃不擦要蒙尘，安全不抓出纰漏；
平时工作怕麻烦，现场安全留隐患；
小病不治成大疾，隐患不除出事故；
安全措施要做细，疏忽大意出问题。

016 打蛇不死终是害，隐患不除祸无穷；
亡羊补牢犹未晚，切实防患于未然。

017 重拳出击砸隐患，掰开揉碎抓意识；
真枪实弹搞管理，指名道姓说责任。

018 预防预防，关键是防；
防字当头，祸不临头；
防患宜早，除险宜了；
不除隐患，必有后患；
薄处先穿，细处先断；
意识松懈，事故来临；
小洞不堵，大洞叫苦；
侥幸一次，疏忽百回；
麻痹大意，悔恨终生；
一朝不慎，终生遗憾；
任务再重，安全第一。

019 放过一次隐患，等于为事故开路；
对隐患的容忍，就是对同志残忍。

020 绿叶底下防虫害，平静之中防隐患；
铲除杂草要趁小，整改隐患要趁早；
杂草丛生庄稼少，险象环生事故多，
身边隐患大家纠，安全生产众人管。

021 隐患常潜伏，事故必难防；
勤检又勤查，隐患无处藏；
苗头要清除，教训要汲取；
抓紧促整改，安全有保障。

022 堤溃蚁穴，气泄针芒；
光喊不动，实则无用；
动手预防，隐患难藏；
平安企业，安全为先。

023 不怕现场有隐患，就怕思想有麻痹；
无知大意必危险，警惕防护保安全。

024 带患工作，如有病不治；
隐患不除，则疾病不止；
治病要早，除患更要快。

025 侥幸一时，遭遇危险；
急躁一回，自找危险；
蛮干一次，制造危险；
遵章守纪，远离危险。

026 隐患险于明火，防范胜于救灾；
扳紧一颗螺栓，消灭一个隐患；
深化隐患治理，保障安全生产。

027 落实主体责任，排查安全隐患；
发动全员查找，加强应急防范；
抓实隐患治理，杜绝安全事故。

028 隐患匿伏，事故难除；
安危相易，祸福相生；
治理隐患，防范事故；
居安思危，常备不怠。

029 安全在于细节处理，安全在于防患未然；
安全要从点滴做起，安全决不放过隐患。

030 珍惜生命当天天头脑清醒，
勿忘风险须时时警钟长鸣。

031 小洞不补，大洞尺五，预防工作当为主；
三面朝水，一面朝天，安全责任大如天。

032 抓住隐患治理，重在问题排查；
抓住时间节点，紧扣部署安排；
抓住立项进程，推进整改要快。

033 只有在阳光下，绿叶才有希望；
只有在防范中，成果才有保障。

034 只有防而不实，没有防不胜防；
只有日臻完善，没有日渐式微；
只有一如既往，没有一劳永逸；
事事落到实处，安全有备无患。

035 毛毛细雨湿衣裳，小事不防上大当；
沾沾自喜事故来，时时提防安全在。

036 事故只是隐患的爆发，隐患就像水下的暗流；
探明千山万水规范路，隔绝安全隐患和事故。

037 安全教育天天讲，事故隐患日日防；
安全生产防在先，工伤事故不沾边。

038 幸福是果树，安全是根基；
任由隐患在，安全根基摇；
隐患不处理，害己又害人；
隐患不放过，开花又结果。

039 安全是生产之本，违章是事故之源；
除净暗礁好行船，未焚徙薪防事故；
人人把好安全关，处处设防漏洞少；
责任不是口头禅，时时刻刻记心间。

040 临渴掘井悔之已晚，未雨绸缪除患宜早；
杂草不除禾苗不壮，隐患不除安全难保。

041 每一个隐患风险的背后，
必定掩藏着成百上千个侥幸；
每一起严重事故的背后，
必定掩藏着成百上千个隐患。

042 反违章要铁面无私，查隐患要寻根究底。

043 用蜜比用蜡更易捉到苍蝇，
用心比用眼更易查出隐患。

044 不怕千日无患，就怕一日不防；
增强保护意识，消除安全隐患；
今日不要安全，明日就丢饭碗；
谨遵章程规范，远离事故灾难。

045 查隐患及时整改不马虎，纠违章严肃处理不放过；
今天企业不去消灭隐患，明天隐患就会消灭企业。

046
安全两天敌，违章和麻痹；
识别大风险，管理零漏洞；
消除大隐患，设备零缺陷；
铺开一张网，岗位零死角。

047
僵蛇没咬人不是本性和善，
隐患未伤身绝非已经安全；
潮起潮落礁石终究要暴露，
表象掩盖隐患早晚会伤人。

048
回避事故隐患，等于放虎归山；
隐匿事故隐患，等于与狼共舞；
人人关注安全，处处消除隐患；
做好安全工作，确保安全生产。

049
没有拉不直的绳子，也无除不了的隐患；
只有熟练业务技能，才能发现异常隐患。

050 隐患爱缠麻痹人，事故常绕违章者；
工作不能马后炮，隐患消于萌芽时。

051 事事无足轻重，是安全最大的隐患；
人人如履薄冰，是安全最大的保障。

052 隐患需警惕，细致排查每个过程环节；
口号喊百遍，不如安全措施落实一项。

053 豺狼不因狗吠而回头，隐患不因放过而消除；
宁可千日不松而无事，不可一日不防而酿祸。

054 一切风险都是可以控制的，
一切违章都是可以杜绝的，
一切隐患都是可以排除的，
一切事故都是可以避免的。

第五章

设备与工程部分

001 设备故障，小漏不堵，大漏难补，
抓早抓小，即时处理，运行长稳；
制造修理，前面凑合，后面遭殃，
源头抓实，过程控严，运行安稳。

002 设备是安全生产的基础，基础不牢，地动山摇；
仪表是安全运行的眼睛，眼睛不亮，事故百出。

003 机械设备要完好，防护装置不可少；
有轮部位必有罩，有洞口处必有盖；
有轴头处必有套，有高平台必有栏；
有轧点必有挡板，有特危必有联锁；
危险部位全防护，设备管理有基础。

004 动火作业须谨慎，明沟窨井先堵牢；
易燃物品全清除，票证到手再用火；
火花飞溅严控制，用火结束清现场。

005 防台防汛提前演练，设备完好，任你狂风暴雨；
防冻防凝措施落实，责任到位，何惧冰冻严寒。

006 提高设备安装质量，按章操作机械设备；
动处润滑静处密封，时刻注意运行状态；
强化设备维护水平，确保装置安全生产。

007 要想事故少，设备维护好；
维护有规程，作业有标准；
处处皆达标，安全定无忧。

008 化学物料危害多，修前介质须放尽；
作业面罩要戴好，护好五官保面子；
不顾安全只图快，人身设备遭危害。

009 宣传特种设备安全知识，增强特种设备安全意识；
落实使用企业主体责任，保障特种设备安全运行；
加强特种设备安全管理，提升特种设备管理水平。

010 保障设备安全运行，注重故障问题收集；
加强材料整理分析，确保防范措施落实；
认真吸取经验教训，保证整改管理闭环。

011 云飞骤风起，吊装立即止；
安全记心头，莫要迎风上。

012 起重吊装先选址，基础牢固方就位；
拉线警戒成闭环，立牌警告示路人。

013 起重指挥莫小瞧，手势口哨皆术语；
倘若临时瞎掺乎，鸡飞蛋打难收场。

014 带压堵漏施工险，防范意识不可少；
危害识别措施到，防护用品穿戴全；
操作处理谨又慎，漏消我安大家好。

015 气割火星溅，环境须净洁；
气瓶置两侧，相距十米远；
明火须远离，方无爆炸险。

016 带压开孔险异常，易燃易爆慎应用；
识别风险严管控，机钻操作须精准。

017 叉车非"宝马"，莫求速度快；
油门若到底，"奔驰"终害己。

018 叉车载物若超高，前路不现若盲人；
货叉升举若载人，命如一线系悬崖。

019 叉车作业来回忙，驾驶证照要齐全；
座舱仅限乘一人，切莫搭乘"哥俩好"；
行车信号时时响，精力集中莫分神；
提醒你我要注意，时刻绷紧安全弦。

020 电梯运行应注意，严禁打闹与嬉戏；
超载运行应杜绝，易燃易爆不能装；
运行之中莫维修，维修之时须警示；
出现故障快报告，排除故障再运行。

021 行车要由专人开，起吊装置定期检；
开前必戴安全帽，用前检查关键点；
钢丝起刺赶快换，开关接地定时查；
最大负荷不能超，工件索具要牢固；
吊时中心要选好，勿使工件乱摇摆；
工件必须垂直吊，不与它物来相挂；
丝绳缠绕立即停，缚绳之处要清洁；
如有油污及时清，工作结束要落地；
无故不能悬空中，工件下方禁站人；
合用轨道要防撞，起吊工件防摆动；
勿使物件碰电线，安全使用放第一。

022 压力容器危险高，切勿私自拆和装；
加载卸载要缓慢，严禁超压和超温；
定期检查保正常，认真记录勤分析；
容器突然有故障，紧急措施停运行。

023 悬吊作业险情多，各种防护需到位；
保险绳索设两根，一根只把吊篮挂；
一根与人连接牢，为防坠落保安全；
悬挂绳索易磨损，经常检查勤更换；
绳索墙角接触点，垫护加固不可少；
吊篮绑连不马虎，使用移动脚手架；
支撑牢固很重要，莫为省事穷对付。

024 脚手非平台，踏牢固定板；
系好生命绳，挂好安全扣；
作业要谨慎，生命方无忧。

025 特种设备风险高，涉及生命与安全；
国家条例强执行，监察设备共八类；
生产使用与检验，监督检查全过程；
出了事故要处理，法律责任皆明确；
责任主体全到位，全心全意保安全。

026 密闭设备要拆卸，无压无物视为有；
心存戒备胸有策，不怕万一方无忧。

027 进罐入塔要分析，数据合格方可进；
外部监护常呼叫，互应互答联络畅。

028 设备停运开孔盖，螺栓拆卸有大忌：
一次拆光全拿下，正对密封孔道站；
盲目撬开物料出，喷溅一身受伤害。

029 设备修理要开工，勿忘办理工作票；
若图省事直接干，灾祸临身自己扛。

030 工作票，细心填，风险危害交待全；
操作票，逐项做，安全质量落实严。

031 现场设备要标志，标识字迹要清晰；
无标无识勿操作，故障状态勿使用。

032 工艺设备不分家，平稳运行夯基础；
运行检修一条心，安全生产长周期。

033 安全电压分五级，应用场所各不同；
超过24v有三例，隔离防护要牢记。

034 电气作业两件宝，验电笔和手电筒；
随身携带莫遗忘，保护人身要备齐。

035 电气操作有危险，实施之前要三思；
眼到手到静心神，谨防出错保安全。

036 设备验电三步走，停电验电接地线；
次序莫乱分清楚，监护到位保安全。

037 带电设备要修理，停电验电再开票；
挂牌示警设遮栏，完工交票才送电。

038 电气绝缘一破坏，如同老虎放出笼；
随时随地可伤人，常检常测防为先。

039 电线变潮易起火，
保持干燥最重要，
过载发热酿大祸，
维护保养勤更换。

040 防雷接地检测合格，空中响雷心中不惊；
静电接地检测合格，静电火花消失无形。

041 仪表电，分两级，标记清，等级明；
24 伏，安全电，220伏，莫要动。

042 发现解救触电者，使其脱电是关键；
救前静心细思量，高压低压法不同；
若是低压触电者，拉闸断电最相宜；
倘若拉闸不便利，绝缘利器断电线；
或用干木挑线离，干燥衣物亦可行；
若是高压触电者，迅速通知停电去；
一时无法停电源，扔上铁丝强短路；
就地急救争分秒，心肺复苏做在先；
紧急联系救护车，送到医院方安心。

043 生产安全有联锁，调试通过才开工；
投用之后勿擅动，故障修理先申请；
预案落实方实施，及时投用是关键。

044 仪表切电是大事，落实预案是前提；
认真审查严审批，人员到位方实施。

045 施工作业要交底，口头约定易走样；
书面交接凭证留，约束你我保安全。

046 设备修理有讲究；
量具标准工具净；
技术精湛质量优；
安全运行有保障。

047 联锁变更莫轻率，吃透原理多研判；
层层审批严把关，如若实施更谨慎；
预案措施须到位，操作从容保平安。

048 原理不明不上手，步骤不清不操作；
隐患不除不开工，措施不实不干活。

049 螺栓安装莫轻视，材质配对为首要；
力矩扳手手中握，十字对称顺序紧。

050 工地是战场，走进工地就是进入战场；
制度是铠甲，遵章守纪就是披上铠甲；
规程是武器，执行规程就是手执利器；
安全是保障，我要安全就是生命保障。

051 小小垫片作用大，法兰密封全靠它；
使用安装勿随意，型号选择有标准；
抽装作业要谨慎，切莫伸手防碰夹。

052 安全规章要牢记，设备操作莫大意；
运行设备细检查，确保安全防隐患。

053 施工作业安全要保障，
资质票证齐备是前提，
质量体系完善是基础，
管理考核严格是关键。

054 关键机组运行稳，同抓共管重特护；
生产设备机电仪，五位一体共努力；
规范操作波动少，苗头处理消匿无；
故障预防修理早，安稳长满运行优。

055 脚手架，要搭牢，护板面，要铺全，拦腰杆，
不能少；
登高时，手抓牢，防脚滑，安全带，及时移，
要扣紧。

056 走人生安全之路，从安全施工起步；
安全施工靠你我，幸福连着大家伙；
施工忘了保安全，等于不握方向盘；
工程一日不完工，安全一刻不松弦。

057 起重作业要持证，吊机地面需平整；
四脚撑足垫枕木，承载若大做基础；
悬臂下方禁立人，警戒线内勿逗留。

058 施工现场，甲方乙方齐抓共管；
安全不忘，你家我家幸福相伴。

059 临水施工，救生衣具穿戴齐；
脚下移动，看清空隙防落水。

060 练就高超专业技能，避免低级错误漏洞；
打造优良精品工程，成就安全运行典范。

061 临边孔洞勿轻视，虽小犹似无底洞；
封堵挂牌防踏入，方得健步平安行；
落实责任专人管，安全无虞齐欢颜。

062 绊人的桩不高，不割除不行；
违章的事不大，不处理不行。

063 高处施工风险大，抛投接料是儿戏；
看似快来实则危，一旦失手悔莫及；
上下传物用绳牵，上平下安皆欢喜。

064 工程安全检查十要诀：
"破、缺、裸、乱、挤、堵、闪、晃、仿、瞒"。

065 挖土掘地从上至下则从容不迫；
挖脚掏洞先下后上乃自掘坟墓。

066 工程安全：
设计严谨是前提，
人员装备是保障，
规范安装是基础，
严格监理是关键，
政府监督是保证，
责任防范是根本。

067 电缆铺设如蛛网，若入其中终被缚；
横平竖直皆守规，条条大道通平安。

068 电焊操作莫蛮干，焊机摆放干燥处，
接地绝缘要良好；
个人防护佩戴齐，集中精力在焊件，
防止电光直射眼。

069 电源开关箱设置不一般，
箱外空间与通道要留足，
箱内漏电保护器不能少，
与用电设备距离要合规，
使用完断电关箱是必须。

070 施工人，正规军；
遵安规，做模范；
无三违，无事故；
保自己，保别人。

071 高处作业工具袋挂置要牢，
器具物品随用随放皆入袋，
器件虽小自由落体危害大，
把拿牢固小心使用勿脱落。

072 动手之前先观察，安全距内无人员；
再抡大锤加油干，谨防碰砸和脱落。

073 工程推演是个宝，施工过程桌面演；
排查矛盾与危害，提前整改后轻松。

074 战场打仗要戴好钢盔铁甲；
施工作业要戴好劳防用品。

075 安全先入心，质量再入脑，费用把控住；
进度紧盯牢，合同全约束，工程定成功。

076 安全上步步为营，一丝不苟；
进度上步步紧逼，不可懈怠；
质量上一步到位，毫厘不差；
环保上达标排放，不越雷池。

077　施工作业环节多，风险识别有对策；
　　　应对措施皆到位，任尔东南西北风。

078　地下管网深埋不露，一旦泄漏危险十面埋伏；
　　　地下管网有多安全，地上的人们就有多安心。

079　安全施工莫麻痹，事故教训要牢记；
　　　亲人嘱托莫相忘，守住安全一家亲。

080　抽掉一块砖头倒下一堵墙，
　　　松开一颗螺丝折断一根梁，
　　　简化工序施工痛快一阵子，
　　　酿成重大事故痛苦一辈子。

081　弘扬工匠精神，精细安全管理，提升工程质量；
　　　发扬甲鱼精神，咬住安全不放，降低风险隐患。

082 安全是工程建设的灵魂，
质量是工程建设的本质，
文明是工程建设的形象，
效益是工程建设的结果。

083 安全知识掌握牢，遇到危险不发毛；
安全措施制订细，事故祸端自然去；
安全意识在心中，工程质量在手中；
安全管理严细实，持之以恒无止境。

084 安全和质量是工程建设的永恒主题：
安全，工程立业之基；
质量，工程强业之本。

085 施工在外不容易，亲人在家盼您归；
安全防护放第一，平平安安把家回。

086 巩固发展安全机制，构建和谐平安工地；
规范施工作业程序，树立文明施工形象。

087 学习鲁班精神，打造优质品牌工程；
追求环保理念，建设绿色文明工地。

088 狼找离群羊，祸觅违规人；
工作无标准，质量难保证；
工程质量差，等于埋隐患；
小虫蛀大梁，隐患酿事端。

089 快刀不磨早晚会生锈，设备不维护迟早出问题；
故障不除早晚出纰漏，安全不重视迟早出事故。

090 要保工程安全，
须行霹雳手段，
方显菩萨心肠。

091 热胀冷缩是自然，力量之大不可忽；
高温设备尤为甚，热力膨胀超想象；
平衡补偿来应对，设计安装须精准；
开停使用是关键，温升温降按规范；
如履薄冰勤检查，安全运行有保障。

092 工程建设：
用资源换进度，
用时间换空间，
用管理换质量，
用措施换平安。

093 安全意识强一点，
安全投入多一点，
安全措施全一点，
安全保障不止高一点。

第六章

安全与效益部分

001 安全就是效益，安全就是民生。

002 铸安全长城，防安全事故；
促安全生产，创安全效益。

003 安全不搞，你不好我不好大家都不好；
安全抓牢，钱不少人不少幸福更不少。

004 安全就是效益，安全就是节约，安全就是生命。

005 安家、安厂、安国，安稳促生产；
全心、全意、全情，全力增效益。

006 企业效益是中心，
安全生产是核心，
高层经营要用心，
中层管理要精心，
基层执行要尽心。

007　安全是无形的节约，事故是有形的浪费；
安全是效益的保障，事故是效益的大敌；
安全是幸福的源泉，违章是事故的源头；
安全在严谨中提升，效益在和谐中攀高。

008　基础不牢，地动山摇；
安全不稳，效益受损。

009　安全与效益是兄弟，事故和损失是姐妹；
安全是效益的乘数，事故是效益的除数。

010　人才是企业之源，质量是企业之魂；
效益是企业之本，安全是永恒主题。

011　一心一意保安全，同心同德增效益；
忽视安全求高产，好比杀鸡去取卵；
忽视环保求效益，好比拔苗来助长；
安全环保双达标，生产效益节节高。

012 安全的本质是生命，
安全的关键是落实，
安全的精神是责任，
安全的目标是效益。

013 把平稳当效益抓，把波动当事故抓；
公司管平稳、基层抓平稳、岗位保平稳。

014 河水流得快，因为有河道的约束；
生产绩效高，必须有安全的保证。

015 安全事故是经济社会发展最无情的验收员。

016 生产是企业发展的血液，
技术是企业创新的源泉，
质量是企业生存的关键，
安全是企业效益的保障。

017 在人生的天平上，生命永远重于金钱；
在工作的天平上，安全永远重于生产。

018 安全创造幸福，疏忽带来痛苦；
安全就是效益，效益带来幸福。

019 抓违章，你抓、我抓、大家抓，少事故，促生产；
保安全，班好、家好、企业好，讲效率，出效益。

020 落实责任，保障安全；
安全不保，效益不好。

021 安全中求高产一顺百顺，隐患里求冒进一挫再挫；
抓安全促效益永不放松，创一流做表率再创佳绩。

022 安全生产两手抓，质量效益两手硬；
安全生产年年好，经营效益步步高。

023 安全是金色的种子，效益是可喜的收获；
安全工作常抓不懈，经济效益稳定增长。

024 安全＋效益=幸福生活

025 交织的油管是我们的血脉，
流动的油品是我们的效益，
安全让油品在油管中运行，
安全让效益在血脉中流动。

026 主动严控安全环保，从长计议；
主动体现责任意识，从严苛求；
主动跟踪产品质量，从一而终；
主动学好业务技能，从容应对；
主动创新技术产品，从无到有；
主动抓好稳定生产，从中得益。

027 不只生产出效益，保证安全也生财；
宁可停产保安全，冒险生产两头空。

028 企业效益最重要，安全生产第一条；
若要效益创新高，安全环保先保障。

029 安全是根，效益是叶，根深才能叶茂。

030 管生产必须管安全，讲效益必须讲安全；
安全是效益的前提，效益由安全来保证。

031 警惕是安全的第一保障，安全是企业的第一效益；
抓安全保效益人人有责，重质量保安全大家受益。

032 安全日日好，生产节节高；
以安全之桨，行效益之舟。

033 安全在你手中，安全是员工的生命基础；
安全在你脚下，安全是家庭的美满幸福；
安全带来效益，安全是企业的物质财富；
安全伴着和谐，安全是社会的安定道路。

034 安全做得细，大家都受益；
安全搞得好，效益跑不了。

035 员工是效益的创造者；
安全是员工的守护神。

036 企业实现安全生产是员工最大的福利。

037 安全是一切工作的前提，只有天天想安全、心
中装安全、时时讲安全、处处有安全，才能促
进经济效益更好的提升。

038 安全生产出财富，
违章作业出事故。

039 抓安全生产，保企业经济发展，促社会和谐稳定。

040 企业要发展，质量与信誉是前提；
企业要效益，安全与环保是保障。

041 效益是大厦，安全是基石；
企业增效益，安全保效益；
安全事故多，效益一场空。

042 要把效益争，安全是保证；
拿猫当虎斗，事故无门路。

043 最大的节约是安全，最大的浪费是事故；
最大的隐患是麻痹，最大的祸根是失职；
与其事后痛哭流涕，不如事前遵章守纪。

044 安全就是饭碗，安全就是生命，安全就是收入。

045 质量升级担责任，美好企业树形象；
做优做强赢利润，干部员工享成果；
安全生产靠大家，效益相系你我他。

046 工作平平安安，就是金山和银山；
三基扎扎实实，就是效率和效益。

047 安全环保，人人参与；
绿色环境，人人受益；
社会责任，人人承担；
企业效益，人人分享。

048 效益是金鸡，鸡壮才下蛋；
安全就是蛋，敲破都完蛋。

049 工作是本书，安全是序言，过程是内容，效益
是结局。

第七章

作业现场安全部分

001 用火监护非小事，时刻关注现场情；
违规低头看手机，小事变大难收场。

002 用火用电需申请，现场监护要到位；
特种作业需持证，各方协调保安全。

003 生产操作要精心，超温超压是祸根；
严格遵章来操作，装置运行需平稳；
应急处置要牢记，加大管控和调整；
适时强制降温度，排放火炬保设备。

004 中医诊病"望闻问切"，诊病理，对症下药，药到病除；
现场巡检"看听嗅摸"，查缺陷，有的放矢，人到厂安。

005　高谈阔论者将教训挂在嘴上，用豪言壮语保证安全；

求真务实者把经验放在心上，用具体措施落实安全。

006　预案光说不练假把式，出现事故惊慌失措，常演常练临危不乱；

巡检只巡不查花架子，出现故障手忙脚乱，细检细查故障消匿。

007　安全帽是生命保护罩，装满了家人对您的祝福，进入现场即刻戴，《爱你没商量》；

安全带是生命连接线，维系着您和家人的幸福，高空作业扎牢它，《爱在有晴天》。

008　头上安全帽，生命保护伞，戴上安全帽，免得缠绷带；

身上安全带，生命保护索，系上安全带，生命有依赖。

009 安全施工三件宝，现场作业离不了；
头顶带上安全帽，防止砸伤损失小；
腰间系上安全带，高空坠落生命保；
脚下穿上防滑鞋，确保防滑不跌倒；
三件宝贝作用大，样样不能离开它。

010 防冻防凝"五忌五宜"：
忌少数，宜全员；
忌突击，宜提前；
忌片面，宜全面；
忌粗糙，宜精细；
忌随意，宜科学。

011 放过一次缺陷故障，就为事故埋一次隐患；
放过一次违章作业，就为事故开一次绿灯。

012 上班不是逛公园，劳保用品穿戴全，
事故伤害远离你，遇险亦把生命保。

013 安全是生命的延续，
违章是生命的终结，
不要让生命跨入违章之门。

014 三违是大敌，人人要注意；
天天要警惕，刻刻不放松；
一人违了章，大家被连累；
互相来监督，安全放心上。

015 三违像弹簧，安全是压力，保持压力弹簧无处
反弹；
三违像冰雪，安全是太阳，保持温暖冰雪终将
消融。

016 安全知识要掌握，防护用品要戴好；
现场工作多留神，流汗总比流血好。

017 千里之行，始于足下，
工作起步，安全开好头，九层之台基础牢；
善于始者，必慎于终，
工作收关，安全不放松，合抱之木得长成。

018 危火、危电、危操作，无危不在；
细心、小心、责任心，齐心以待。

019 不怕千日严，就怕一日宽；
不怕万事细，就怕一事粗；
不怕开头难，就怕收尾简；
不怕过程紧，就怕环节松。

020 现场作业任务重，情况不明莫逞强；
安全常识要牢记，按规操作保安宁；
烷烃遇火会燃烧，莫用明火探究竟；
硫化氢是剧毒气，臭鸡蛋味特别浓；
一氧化碳无色味，让人窒息送人命；
救援定要讲科学，盲目施救损失大。

021 宁绕百米远，不抢一步险；宁操百倍心，不冒半分险；
宁流百身汗，不淌一滴血；宁吃百日苦，不偷半分懒；
宁可千日慎，不可一刻疏；宁要百日紧，不放半时松。

022 班前预检十分钟，承上启下作用大，
胸有成竹沉着应，有防无患莫轻视。

023 危险物品，隔离放置；
标识清晰，注意防火。

024 多一分安全意识，少一份事故教训；
多一分风险识别，少一份灾难威胁；
多一分认真操作，少一份波动后患；
多一分责任使命，少一份担惊受怕；
多一分细心谨慎，少一份疏忽纰漏。

025 肩上有责任，巡检严细全，保持高频率，事故不难防；

心中有规程，操作有准绳，加强纪律性，安全有保证。

026 安全十忌：

一忌规程不落实，说是说来做是做；

二忌遇事乱指挥，不顾安全蛮干活；

三忌有错顾脸面，违章行为没人说；

四忌干活想自己，上下左右不配合；

五忌安全无措施，冒险蛮干事故多；

六忌习惯性操作，安全观念太淡薄；

七忌责任不落实，发生事故乱推诿；

八忌检查留死角，隐患不除终是祸；

九忌领导当好人，管理考核不严格；

十忌无事享太平，麻痹滋生要不得。

027 操作十二忌：

一忌盲目操作，不懂装懂；

二忌马虎操作，粗心大意；

三忌急躁操作，忙中出错；

四忌局部操作，不顾全面；

五忌忙乱操作，顾此失彼；

六忌优柔寡断，扩大事端；

七忌程序不清，次序颠倒；

八忌独自操作，避开监护；

九忌有章不循，胡干蛮干；

十忌不分主次，本末倒置；

十一忌情绪波动，带入工作；

十二忌麻痹大意，轻视隐患。

028 跑冒油应急处理：

跑冒油、铺黄沙，切断源头先关阀；

防静电、选工具，铝桶铜盆做容器；

断电源、关手机，消防器材要备齐；

设警戒、先疏散，手推移车出现场；

清残留、速吸附，环境保护是要务。

029 安全用电顺口溜:

安全用电要牢记,普及漏电保护器;

线下栽树与盖房,按规清障没商量;

乱拉乱接违规程,引起火灾真伤神;

移动电器莫带电,带电搬移有危险;

电热器具须防火,忘关电源事故多;

万一电器着了火,不能带电把水泼;

各种手段偷窃电,轻则罚款重法办;

用电设备要接地,安全用电莫大意;

湿手不要摸电器,谨防触电要牢记;

擦拭灯头及开关,关断电源保安全。

030 多看一眼,安全保险;

多查一次,少出漏洞;

削弱一环,隐患显现;

失误一次,全局必垮。

031 人人讲安全,事事保安全;

天天想安全,处处为安全。

032 瞪眼看焊花，双眼闪泪花，
戴好防护镜，到老眼不花。

033 现场巡检严当头，缺陷发现早为先，
及时处理稳为要，消灭事故在萌芽。

034 只了解安规而不去执行，乃行百里者半九十，
前功尽弃矣；
只熟记安规而不执行好，则竹篮打水一场空，
功败垂成也!

035 学规范，用规范，以规范指导工作环节；
讲安全，抓安全，把安全贯穿生产始终。

036 大海航行靠舵手，安全犹若明灯塔；
生产保障靠安全，指引平稳迈向前。

037 侥幸心理糊弄安全，得不偿失追悔莫及，
纵有万次躲避成功，只怕万一终酿苦果。

038 库房管理有规范，分门别类莫乱放；
易燃易爆危化品，进出管存重如山；
视若炸弹慎为先，处处守规方平安。

039 蚂蚁贪甜死于蜜，作业图快失于急；
瞎马乱闯必惹祸，操作马虎必出错。

040 进入现场要警惕，四周环境皆关注；
头顶脚下看仔细，前后左右细防范；
逃生通道先记牢，有备无患平安归。

041 现场工作千头万绪，按规按标看梳选定，安全
一马当先；
现场工作千变万化，按规按标严格执行，安全
贯穿始终。

042 作业过程忌嬉闹，集中精力莫大意；
全神贯注差错少，马虎大意事故多。

043 现场作业居安思危：
班前早会天天讲，安全生产时时想；
危险识别每天做，应对措施备齐全；
安全交底全做好，防范违章要抓牢；
标准作业基本功，贯穿现场检修中；
规章制度严执行，自我保护要提升；
见了违章要批评，道似无情却有情；
靠前指挥法得当，不打安全糊涂仗；
居安思危险不至，麻痹大意祸来时；
安全健康紧相连，齐头并进才平安。

044 特殊工种，特殊要求；
无证作业，事故百出。

045 有安才有全，无安全没有；
在岗一分钟，安全六十秒；
若想无事故，安全要记牢。

046 作业环境勤整顿，窗明几净一览无余；
缺陷隐患难藏身，及时处置高枕无忧。

047 送电停电是关键，实施作业要两人，
错送错拉有危险，操作监护安全稳。

048 马马虎虎操作，实实在在闯祸；
时时刻刻玩命，分分秒秒丢命。

049 落实安全工作要注重现场，
作业环节监管要深入现场，
教育引导说服要贴近现场，
防范措施落实要扎根现场。

050 干啥工作，别耍大胆；
进入现场，集中思想；
违章生险，遵纪则安；
文明作业，保你安康。

051 有防则安，无防则危；
有备无患，无备遭难；
早知今日，何必当初；
当初蛮干，今日痛苦。

052 楼梯平台升降口，栏杆护板须设置，高度齐腰
牢而固；
若是临时遮拦挡，横杆栏杆要合规，远离坠落
伤害无。

053 秤砣不大压千斤，安全帽小救人命；
钢丝不粗拎千斤，安全带细牵挂你。

054 和安全握握手四季平安，
与违章挥挥手万事如意。

055 习惯违章险难觉，已成自然浑不知；
如悬汤镬险难避，伤身丢命迟早事。

056 一时疏忽，终生遗憾；
一人疏忽，全家痛苦；
多些观察，少点隐患；
规范操作，共建安全。

057 工作将要剪彩开工之际，就是事故击鼓进军之
时，要全面防范；
工作将要鸣金收兵之际，常是事故偷营劫寨之
时，要重点关注。

058 安全生产月儿圆，
违章蛮干半边缺。

059 工作千条线，安全一针穿；
抬头明责任，低头保安全。

060 宁要一个保险活，不要十个瞎凑合；
谨慎操作吃点苦，平平安安无事故。

061 骏马有千里之程，不骑不能自往；
安全有千日之期，不管不能自达。

062 进入装置需牢记，拉住扶手看脚下；
上下扶梯防跌跤，崴脚伤身去无踪。

063 维护保养按时做，生产顺畅不会错；
按章作业莫乱改，合理建议提出来。

064 作业防护是盾牌，人身危害由它挡；
劳动保护是把伞，职业危害靠它防。

065 安全不是别人讲出来的，
安全就是自己做出来的。

066 操作如烹饪，步骤要牢记；
阀门如家门，开关要当心；
窗口如储柜，乱塞撑破门；
机泵如家电，维护要仔细。

067 安全要管好，就要现场跑，
嘴上说千遍，不如现场跑；
安全不出岔，就要现场抓，
天天讲三违，不如现场抓。

068 听听看看查缺陷，摸摸闻闻排隐患；
走走记记事事勤，平平安安天天乐。

069 现场作业"停看想做安全5分钟"：

"停"是指接到工作任务进行操作前，先停下来问一下自己是否已了解作业范围和工作内容、是否需要办理作业许可。

"看"是指作业前要确定好"作业条件或场所与以前相比是否有改变"、"可能会发生什么事故"、"是否存在交叉作业"、"会不会出现泄漏和污染"、"物料和能量是否有效隔离"、"使用的工具或设备会不会伤到人"等注意事项。

"想"是指要思考"个体防护用品是否齐备"、"人员站位是否合适"、"使用的工具是否符合要求"、"对可能发生的紧急情况如何应急"等问题。

"做"是指安全作业条件具备。

070 现场作业遇难题，蛮干冒进酿事故；

安全技术来支撑，风险再大也受控。

071 现场巡检勤观察，处处留意防隐患；
宁可多走几步路，不让隐患留一处；
跑冒滴漏有痕迹，你我共查消缺陷；
工作生活有热情，不将遗憾带回家。

072 安全作业不能随心所欲，操作要想好再干；
安全制度不能光说不练，执行要不折不扣。

第八章

法律法规制度部分

001 安全不离口，规章不离手；
安不可忘危，治不可忘乱；
安规是个宝，安全离不了；
执标不走样，安全有保障；
制度千万条，自律最重要；
跟着规章走，安全永长久。

002 遵循科学，遵守法律法规，能《虎口脱险》；
违章操作，无视规章制度，则《人在囧途》；
敷衍塞责，疏于隐患排查，陷《十面埋伏》；
精细管理，严格检查考核，享《幸福时光》。

003 规程是根除随意的铁锄；
制度是耕垡麻痹的犁耙；
安全是生命延续的保障；
安全是企业发展的动力。

004　举头三尺有制度，言行步步见安全；
　　　　无规矩不成方圆，无章法难保久安。

005　对制度的敬畏，是对生命的尊重；
　　　　对三违的放任，是对生命的践踏；
　　　　培植守纪沃土，给我安全的空间；
　　　　坚持做事底线，远离事故的红线。

006　要想事故少，制度最重要；
　　　　行为有准则，操作有规程；
　　　　凡事照章做，安全有保证。

007　凡是工作，必有计划；
　　　　凡是计划，必有结果；
　　　　凡是结果，必有责任；
　　　　凡是责任，必有规章；
　　　　凡是规章，必有检查；
　　　　凡是检查，必有考核。

008 人人须知安全法，天天不做违法事；
不拿法律当回事，是拿生命当儿戏；
安全规程乃真经，经验教训凝练成；
学习掌握为基础，保障执行是关键。

009 生命是天，安全是地；
遵章守纪，活力天地；
敬畏制度，规范行为；
恪尽职守，勇于担当。

010 生命在于不停运动，安全在于常抓不懈；
安全意识自觉增强，执行规章牢记心上；
制度严格漏洞减少，措施得力安全向好；
遵纪守法公民本份，安全生产员工天职。

011 国有国法，国无法不宁；
企有企规，企无规不治；
关爱生命，守法牢牢记；
关注安全，制度时时提。

012　汽车离不开方向盘，生产离不开安全法；
行路离不开红绿灯，作业离不开操作法；
黄泉路上不分老小，屡屡违章最先报到；
执行安全规章制度，强化安全风险防范。

013　出门带伞防天雨，厂纪厂规护身符；
上岗遵章防事故，贪图省力终生憾；
不踩红线不违章，侥幸心理酿祸端；
情绪低落莫上班，岁岁平安岁岁安。

014　遵章护生命，冒险是拼命；
违章是玩命，蛮干不要命；
经验有优劣，规程作鉴别；
预则危转安，不预险成灾；
制度松条缝，事故就钻空；
安全在心中，时刻敲警钟。

015　对违章的庇护，就是伤害他人；
对违章的容忍，等于怂恿犯罪。

016 实施安全生产法，人人事事保安全；
贯彻安全生产法，保障安全无事故。

017 安全像琴声，制度是琴谱；
标准像琴键，操作如弹琴；
一切要靠谱，安全有保障。

018 安全幸福百年，违章祸在旦夕；
安全保证生命，违章威胁性命；
执行规章制度，安全每时每刻；
严守操作规程，提高安全意识。

019 凡是有制度规定约束的事情，不讲条件、坚决
执行；
凡是有利于安全保障的做法，不搞变通、全力
以赴。

020　制度不齐全，隐患难消除；
违章不禁止，事故难避免；
纪律不遵守，装置难安稳；
安全不到位，业绩难提升。

021　安全规程系生命，自觉遵守是保障；
安全警钟鸣耳畔，规章制度记心间；
安全预案勤演练，应急能力得提高；
安全法规严遵守，幸福生活常拥有。

022　一物降一物，规章降事故，遵章是安全的先导；
气泄于针孔，祸始于违章，违章是事故的前兆；
无桥走薄冰，冒险逆常理，违纪是灾祸的温床；
安全靠规章，严守不能忘，守纪是幸福的保障。

023　安全法规，庄严神圣；
贴在墙上，牢记心中；
认真学习，互相关怀；
遵章守纪，创先争优。

024　安全生产挂心上，规章制度握手中；
操作规程就是法，谁不守法受惩罚；
熟读规程千万遍，恰如卫士站身边；
遵章守纪当模范，安全生产做贡献。

025　抓三违要像三九严寒一样残酷无情，
除隐患要像秋风扫落叶一样，片甲不留；
抓安全要像包拯敢在太岁头上动土，
反违章要像武松打老虎一样，毫不手软。

026　违章不在乎，事故如猛虎；
违章不在乎，出事责自担；
违章不在乎，受伤苦在身；
违章不在乎，家人无保护。

027　一根绳揽住千根柴，抓安全还靠制度来；
掌握安全生产知识，争做遵章守纪员工。

028 规程领先操作稳，安全领跑生产顺；
操作规程不能疏，工作标准不能降；
风险识别不能漏，隐患整改不能拖；
知险防险不危险，违章蛮干最冒险；
按章操作不随意，执行规范要严密；
守纪守责守规程，保质保量保平安。

029 遵守操作规程，规范根基如不牢，安全大厦定
会倒；
严格三大纪律，推行安全标准化，促企业本质
安全。

030 规范员工安全行为，坚持安全第一理念，建设
企业安全文化；
加强安全基础工作，牢固树立法制观念，建立
安全长效机制。

031 要想生产走在前，安全肯定是关键；
要想生产打胜仗，安全规章是保障。

032 落实安全责任，完善管理制度；
宣传安全法规，普及安全知识；
治理事故隐患，监管危险作业；
严格规章制度，确保作业安全。

033 安全是宝，违章是草；
安全是福，违章是祸；
安全是坦途，违章是深渊。

034 安全如信息网络，应时时维护保通畅；
违章像电脑病毒，当常常查杀除毒瘤。

035 安全犹如灿烂的鲜花，违章犹如带刺的荆棘；
安全勿以善小而不为，违章勿以恶小而为之。

036 学习安全生产法，坚持科学发展观；
传播安全生产法，营造安全大环境。

037 现场隐患熟视无睹，生产出事六神无主；
遵守安规阳关大道，违章作业羊肠小路；
提高全员安全意识，养成遵章守纪美德；
建立健全规章制度，落实安全生产责任。

038 安全工作是没有彼岸的航程，智者以安规呵护
生命，一丝不苟使人幸福终生；
违章违纪是一个个暗礁险滩，愚者用生命验证
安规，一念之差让人后悔一世。

039 着眼前，无情于违章惩处背骂名；
系长远，厚情于家庭幸福慰心怀。

040 发现违章要制止，敢于制止违章行为的人，
迟早会受到员工的尊敬；
依法办事没商量，勇于严格执行制度的人，
最终会得到企业的肯定。

041 遵规守纪常抓不懈，路遥知马力；
制止违章不讲情面，日久见人心。

042 你不违章，我不蛮干，大家都安全；
妻也关爱，母也关心，全家才幸福。

043 违章乱纪祸起萧墙，遵章守法福星高照；
安全规程字字是血，严格执行句句是歌。

044 一人违章多人遭殃，一时的违章能毁一生的幸福；
人人遵章企业受益，一贯的遵章能保长久的发展。

045 没有可怕的遵章，只有可怕的违章。

046 警惕！制度不遵守，违章杀手就在你身边。
小心！隐患不排除，事故陷阱就在你周围。

047 自作主张，难免违章，你的违章就是对我安全的侵害。

互相监督，为了安全，你的提醒就是对我生命的呵护。

第九章

消防安全部分

001 履行消防安全职责，规范消防安全设施；
搞好消防安全工作，树立企业安全形象。

002 消防安全是公民的责任，为自己为他人为家庭；
消防安全是幸福的保障，保和谐保稳定保太平。

003 消防消防，先防后消；
春夏秋冬，小心祝融；
天干物燥，注意防火；
贼偷一半，火烧精光；
防火一松，人财两空；
平安之路，防火保障。

004 火灾无情，防火先行；
疏于防火，惹出大祸；
珍惜生命，远离火情；
治病要早，防火要细；
全面动员，杜绝火患；
消防安全，防患未然。

005 全民齐动员，防火保安全；
预防不轻心，安全值千金。

006 消防情系你我他，预防火灾靠大家；
消防演练经常搞，火灾损失定减少；
社区企业要发展，消防安全是保障；
时时念好安全经，刻刻不忘消防事。

007 珍爱生命从防火做起；
杜绝火患从自我做起。

008 时时注意安全，处处预防火灾；
保护消防设施，做好安全防范；
保障消防安全，消除火灾隐患；
构建和谐社会，幸福伴你同行。

009 防火安全无小事，时时刻刻需留意；
查找隐患堵漏洞，边边角角需覆盖；
勿忘火警"119"，危险时刻真朋友；
消防事关你我他，安全系着千万家。

010 火灾不留情，要把火源查；
走道需疏通，防火不落空；
烟头莫小看，随扔留火患；
致富千日功，火烧当日穷；
出门无牵挂，重点在预防。

011 留下火险隐患，等于埋下地雷；
人人安全防火，家家幸福祥和。

012 火灾起，心莫急，浸湿手巾捂口鼻；
报警早，损失少，报警电话要记牢。

013
老虎伤一人，大火吞全城；
防火莫儿戏，人人要谨记；
思想走了神，火灾瞬间生；
消防进家园，平安到永远。

014
消防通道似血管，堵了通道全瘫痪；
消防知识多一点，火灾火情少一点；
麻痹疏忽少一点，消防安全多一分；
人民消防人民办，办好消防为人民。

015
人类生存需用火，火灾无情需留神；
人要平安慎用火，防火意识人人有；
万人防火不算多，一人失火了不得；
齐心防火警钟鸣，美好生活乐悠悠。

016
麻痹是火灾的孪生兄弟，警惕是火灾的有效克星；
防火灾不放过一点火种，防事故不心存半点侥幸。

017 消防设施，常做检查；
消除隐患，预防火灾；
人人防火，户户平安；
处处防火，国泰民安。

018 万千产品堆成山，一星火源毁于旦；
消防知识永不忘，有备无患保平安。

019 自防——永不放松，警钟长鸣；
自救——临危不惧，头脑清醒。

020 芸芸众生勿弃点点火种，巍巍青山难容熊熊大火；
增强消防科学发展观念，普及消防安全教育知识。

021 星星之火可以燎原，小小隐患易酿大祸；
消除一分火灾隐患，增添十分欢乐平安；
广泛开展防火宣传，提高自防自救能力；
执行消防安全法规，搞好安全生产工作。

022 火着起，条件三：可燃物，氧助燃，点火源，
三去一，火自消。
灭火法，有四点：一冷却，二隔离，三窒息，
四抑制，常操演。

023 一失火成千古恨，投资消防设施是一种节约；
再回首已百年身，掌握消防技能是一种福利。

024 防火制，落实坚，遵法规，不蛮干；
本岗位，懂预防，懂措施，懂火警；
灭火器，熟练用，初期火，会全歼。

025 人生路，长漫漫，五千年，火陪伴；
恰用火，送温暖，如大意，受灾难；
消防经，要常念，牢记住，益匪浅；
抓防火，懂灭火，保平安，万家欢。

026 关爱生命防火灾，宣传教育要展开，逃生预演要珍惜；
注意安全慎用火，烟头乱扔会失火，不拉电线不乱挂；
消防通道要畅通，乱堆乱放违法度，逃生路线要牢记；
防止起火很关键，万一起火先自救，头脑冷静莫贪财；
珍爱生命先报警，火势不大先灭火，冷却隔离最稳妥；
爱护器材很重要，火灾救援用得到，关键时刻胜券操；
生死往往一瞬间，服从指挥听调遣，切忌盲目不理智；
命运掌握靠自己，身上着火勿奔跑，脱掉火衣效果好；
共同灭火需注意，冷静沉着出良计，趁火打劫要杜绝；
享受权利尽义务，为了他人和自己，公共财物要保护；
安全事大要紧抓，宣传工作落实它，良好习惯要养成；
全心全意认真学，每时每刻需警惕，消防安全靠大家；
人人爱我爱人人，平时和谐一家人，有事咱是一家亲；
人人护我护人人，勿以火小而玩之，勿以火大而慌之；
有家有爱有你我，关注消防绝恶习，珍爱生命没问题；
责任意识需提高，安全意识要增强，共享安全太平城！

027 大意一把火，损失无法补；
人人知防火，户户齐欢乐。

028 报火警，"119"，何地点，何物燃，何部位，
火势情；
路口边，迎警车，知情人，及时言，保现场，
协作战；
火场上，情万变，早控制，救人员，先急重，
再一般。

029 仓库重地，严禁烟火；
公共场所，严防火灾；
依法依规，人人有责。

030 日常消防要点：
装修材料要慎选，刷漆远离着火源；
灭火器材是个宝，机动车辆不可少；
电器着火莫慌乱，灭火之前先断电；
电线铺设要安全，私拉乱接酿祸端；
电源线路常检查，短路起火先拉闸；
加油加气易燃地，手机必须要关闭；
塑料桶易生静电，充装汽油很危险。

031 消防逃生：

扑火安全常记住，被火包围要沉着；

遇到浓烟湿巾捂，防止窒息和呕吐；

扑火选好进出路，防止丢失和迷路；

夜间扑火要记住，带队经常点人数；

路况车辆心有数，严防进出生差错；

安全关系你我他，防火常识牢记住。

032 消防事，关民安；

见危害，人人管；

生活中，火看严；

危险物，不近前。

033 用火用电不离人，消防安全需铭记；

消防法规系生命，自觉遵守是保障。

034 家庭消防安全知识：

火警电话要记清，及时准确报火情；

安全使用液化气，经常检查多警惕；

燃气泄漏不要慌，快关阀门速开窗；

发生火灾烟雾浓，毛巾浸湿帮你忙；

安全出口要记清，莫恋钱物保生命；

危险物品易燃爆，家中存放不安全；

居民楼道要畅通，杂乱物品勿堆放；

发现楼道异味浓，安全地段报险情；

楼房着火心不惊，床单结绳能救生；

屋外着火要冷静，手握门把判火情；

着火开门不贸然，防止烟火进房间；

衣服着火莫奔跑，就地打滚压火苗；

油锅着火莫着急，捂盖严实为窒息；

消防器材照明灯，火灾逃生有大用。

035 家用电器消防知识：

电热毯，保温暖，折叠使用有危险；

照明灯，有热度，包裹莫用可燃物；

电熨斗，通上电，有人使用是关键；

电冰箱，通风好，避免受潮起火灾；

电饭煲，平稳放，切记加水勿干烧；

电火锅，煮饭菜，汤水溢出先断电；

电视机，有异常，快速关机以防爆；

用电炉，想安全，炉具座盘要非燃；

用空调，勿遮盖，进出风道要通畅；

有故障，勿乱动，专业人员来修理。

036 干粉灭火器的使用：

可燃气，电设备，均适用；

拔插销，提压把，握喷嘴；

对火根，扫射喷，站上风。

037 泡沫灭火器的使用：
油品初期火，禁忌水溶物；
一手握提环，一手握筒底；
颠倒灭火器，上下用力摇；
喷嘴对火源，直至火焰灭。

038 二氧化碳灭火器的使用：
图书档案精密仪器，600V以下电气设备；
不能扑救带电设备，不能扑救水溶液体；
竖放不可倾斜颠倒，手握喇叭口防冻伤。

040 石化行业风险高，易燃易爆有毒性；
火源防控是重点，烟头虽小是火种；
厂区吸烟入禁令，乱丢烟头更危险；
碰上易燃易爆气，星火燎原损失大。

039

火灾事故重预防，根除隐患无祸殃；

易燃杂物日清理，耗电设施需标准；

电源电线无破损，漏电保护做主张；

标准使用保险丝，电路安全有保证；

内装线路重极限，时间长久更新装；

电容电器莫超标，合理用电按规范；

燃油溶剂易燃品，室内禁存为安全；

电炉油炉煤气罐，正常使用免荒唐；

老人儿童勿忽视，因势利导要有方；

欢度节日搞庆典，烟花爆竹不要放；

火势无情人有情，往往人为造紧张；

一时失误千古恨，终身懊悔也无方；

天灾人祸无预料，明火易除暗难防；

提醒大家要细心，预防事故保安康。

041

一个烟头可能是一场大火的前奏曲，勿忘防火
须时时警钟长鸣；

一杯美酒也许是一次车祸的催化剂，珍惜生命
当事事头脑清醒。

042 消防消防，依法监管；
单位负责，全员参与；
重点单位，建立档案；
重点部位，设置标志；
岗前培训，定期演练；
防消结合，重在预防。

043 抓预防，管火源，群防群治是关键，
重战备，建设施，经常演练与实践。

044 冬季一到，风大物燥；
积尘自燃，防火重要。

045 普及消防知识，增强防火观念；
加强火源管理，注意安全用火；
严禁违章动火，防止火灾事故；
只有大意肇事，没有小心闯祸。

第十章

交通安全部分

001 实线虚线斑马线，都是生命安全线；
出行坚持守交法，一人平安全家福。

002 手握方向盘，头脑要清醒；
微信莫要刷，老酒不能沾。

003 开安全车，行千里畅通路；
走平安路，做百年长乐人。

004 人生很美好，步步要小心；
路无规不畅，国无法不宁。

005 处罚违章不留情，看似无情最深情；
爱妻爱子爱家庭，无视交法等于零。

006 红灯，绿灯，灯灯是令；
弯道，直道，道道小心。

007　高速公路，行驶适速；
　　　超载超速，危机四伏；
　　　酒后驾车，拿命赌博；
　　　心静车行，心乱车停；
　　　乱穿马路，失道无助；
　　　宁停三分，不抢一秒。

008　骑车走路要看清，井盖丢失成陷阱；
　　　隔离护栏不翻爬，发生事故受伤害；
　　　候车要在站台上，顺序上车勿插队；
　　　铁轨冰冷又无情，不要玩耍和留影；
　　　乘船排队莫拥挤，打闹争抢易落水。

009　开车之前想一想，交通法规记心上；
　　　交叉路口想一想，一慢二看三不抢；
　　　会车之前想一想，礼让三先看路况；
　　　超车之前想一想，没有把握不勉强；
　　　雨天大雾想一想，打开雾灯车速降；
　　　夜间行车想一想，注意标志和灯光；
　　　长途驾驶想一想，劳逸结合不能忘。

010　一劝司机少喝酒。

酒后驾车属违法，昏头昏脑人木讷，不知何时惹祸端。

二劝司机莫贪酒。

酒多有害身康健，伤肝伤脑伤心脏，年纪轻轻百病缠。

三劝司机勿酗酒。

酒后醉话误友情，伤人伤己惹是非，醒来难抑心中悔。

四劝司机离陋习。

思想品德勤修炼，守法守规显素养，同享一片安宁天。

011　井然有序谋求和谐交通，文明行驶才会道路畅通；
车水马龙共创平安大道，出入平安才能生活幸福。

012　骑单车，看标志，切勿闯入汽车道；
不带人，不超载，安全骑车不图快；
不追逐，不嬉戏，握紧龙头勿撒把；
不乱停，不占道，交通平安靠大家。

013　人行道和斑马线，行人专用通行道；
　　　　十字路口须小心，注意前后和左右；
　　　　过马路时仔细瞧，交通信号要看清；
　　　　红灯停下绿灯行，确认安全方前行；
　　　　交通法规要遵守，人身安全最重要。

014　过街要走横道线，或走天桥地下道；
　　　　走路要走人行道，不在路上来打闹；
　　　　交通法规是个宝，走路行车要记牢；
　　　　生命人人都珍惜，安全健康最重要。

015　车辆抛锚莫大意，处置措施要得当；
　　　　警示标志应到位，开启双闪不忘记；
　　　　高速路边忌修车，电话求援要牢记；
　　　　路遇车祸速报警，救死扶伤见真情。

016 逞一时勇乐，得一世之悔；
疯一刻驰爽，换一生教训。

017 学交法，守交法，平安出行最安心；
你仔细，我仔细，心急鲁莽要不得；
你出力，我出力，做个守法好市民；
你添彩，我添彩，和谐社会更精彩。

018 人来车往两相让，退一步海阔天空；
人车分流各行道，有条不紊靠大家。

019 道路千万条，安全是头条；
交法千斤重，遵守是首要。

020 开车不饮酒，酒后不驾车，如若不听劝，闯祸
转眼间；
酒驾已入刑，知法莫任性，电话找代驾，平安
送到家。

021　开车不比赛，平安时刻在；
　　　　支线让干线，抢行起争端；
　　　　彼此让一让，路宽心舒畅；
　　　　行车不超速，安全又幸福。

022　千里之行，慎于足下；
　　　　纵有捷径，乱穿者止；
　　　　虽为坦途，超速者戒；
　　　　人不斜穿，车不越线；
　　　　各行其道，善待生命。

023　无证驾驶，生命无价岂能游戏人生；
　　　　肇事逃逸，天理不容难逃法网恢恢。

024　交岔路口，看清再走；
　　　　多看一眼，安全保险；
　　　　多防一步，少出事故；
　　　　遵守交法，平安一生。

025 啤酒、黄酒、白酒，喝酒再少不能开车；
代驾、打车、步行，方法很多牢记交法。

026 开车一心一意，安全伴你左右；
让道予人安全，行路安全予己；
遵守交通法规，关爱你我生命；
保障交通安全，促进生命和谐。

027 儿行千里母担忧，车行万里靠交法；
心系妻儿与老小，道路安全靠大家；
交通守法安全在，留住生命留住爱；
行路文明路畅通，归途平安家温馨。

028 抢一秒钟成祸，一辈子落痛苦；
人斗气易伤神，路怒族易伤身；
心静安全紧跟，心急躁酿事故；
遵守交通法规，爱生命享旅程。

029 居安思危危自小，有备无患患可除；
行路守法法有情，平安归家家温馨。

030 铭记交通法规，尊重的不仅仅是自己的生命，
更关系到他人的幸福；
提高安全意识，维护的不仅仅是自己的安全，
更承担起社会的责任。

031 路为国脉之本，法系民生之魂；
安全在你脚下，生命在你手中；
倡导谨慎驾驶，拒绝大意行车；
平安走过四季，安全永驻心间。

032 道路通行讲规矩，红绿灯前看素养；
事故后果脑中记，心中常亮警示灯；
良药苦口利于病，交通法规利于行；
金玉有价命无价，遵守交法安一生。

033 红灯停，绿灯行，人人守法安全过；
车让人，车让车，处处文明平安行。

034 手拉手筑起交通安全防线，心连心营造幸福生活；
手拉手打造文明出行风尚，心连心创建和谐社会。

035 违章泊车，贪的是随意侥幸；
交警罚单，贴的是文明素质。

036 交通法规提醒你，行车安全要注意；
路过街市别大意，心平气和莫着急；
狭路相逢讲文明，主动避让安全行；
车速慢点无所谓，家人盼你平安归。

037 超速行驶是透支安全，酒驾醉驾是漠视生命；
文明行车但愿人长久，遵纪守法万家得团圆。

038 车好路好安全就好，慢行快行平安才行；
你让我让让出温馨，于人于己安全才行；
交通法规人人遵守，路路小心日日平安；
交通安全人人关心，城市文明处处体现。

039 学交法要像唐三藏——熟读经书；
过马路要像孙悟空——东张西望；
遇红灯要像猪八戒——慵懒不动；
保养车要像沙和尚——不折不扣。

040 出门在外，互帮互助；
人在旅途，互尊互爱；
各让半步，处处通途；
遵守交法，人车无恙。

041 敬告司机：
您驾驶的不仅是车辆，更是在驾驭您的生命。
车辆超速行驶，缩减的不是您的时间，而是您
的生命……

042 时常留意新交法，温故知新不能停；
勤学善用守交法，与时俱进同前行。

043 行车线路早规划，道路陌生用导航；
事前模拟知行程，事后常想路况熟；
导航途中勿操作，停车熄火路边查；
路线路况胸中有，安全驾驶万里通。

044 让一步桥宽路阔，等一时车顺人欢；
违章惩处必无情，幸福家庭才有情。

045 走遍东西南北中，安全两字记心中；
浮躁秀技车速超，冒失轻率酿大祸；
驾驶要有好心态，莫让赌气乱心智；
一人把好方向盘，心神笃定车技高；
细心谨慎客满载，众人坐享平安车。

046 坡坡坎坎道路谨慎驾驶，
平平安安出行旅途精彩，
聚聚散散都是欢声笑语，
来来往往共享平安吉祥。

047 醉（罪）在酒中，毁（悔）在杯中；
母念妻等娇儿盼，愿君平安把家还。

048 开车玩手机，按停人生键；
锁住安全带，扎紧生命线；
驾驶病车行，代价血淋淋；
雨雪雾减速，缓慢行安全。

049 小路相遇让者胜，两车相顶退者赢；
让争只在一闪念，生死只是一瞬间；
争先恐后不可取，争强逞能害自身；
不比谁快只求稳，平安到家才是真。

050 行人靠边走，车辆靠右行；
交通秩序好，平安时刻在。
系好安全带，开车不求快；
亲人有交代，人车保安宁。

051 开车头脑要清醒，紧急情况要冷静；
停让躲行要果断，犹豫不决出祸端；
行驶途中突爆胎，点踩刹车控方向；
驾驶途中制动失，路边护栏摩擦停；
养车知识不可少，安全驾车才能保。

052 护栏保安全，翻越最危险，身边有违章，全员
同制止；
路口如虎口，劝君多留神，交法学记用，安全
你我享。

053 列车轨上行是幸福路，人在轨上走是危险路。

054 超速超载危机显，切莫忽视事故现；
十次肇事九次快，莫和死神去比赛；
酒后驾车系违法，你我监督共守法；
心无交法路坎坷，法在心中路平坦。

055 宁走百步安，不抢一步险，小心与平安交友；
安全无小事，文明是大事，大意与事故挂钩；
绿灯无数次，生命唯一次，安全与幸福牵手。

056 今天贪利违章超载，明天损益得不偿失；
车辆倘若超载一吨，危险就会增加十分；
安全行车万里之路，事故可能一触即发；
文明驾驶从我做起，安全出行陪伴人生。

057 路有宽窄有会车，务必遵循慢停让；
减速靠右控车速，稳住方向保间距；
车行窄桥难通过，你先我等靠边停；
夜间会车要谨慎，远光近光有分寸；
路有障碍阻交汇，快慢有序依次过；
熟读交法每一篇，安全行车路路通。

058 君行万里，一路平安；
遵规守法，防微杜渐。

059 碰瓷党，花样奇，分工明确凭演技；
人碰瓷，苦肉计，习惯脱臼还流血；
真碰瓷，他不急，要你私了讲钱财；
防碰瓷，有神器，安上行车记录仪；
遇碰瓷，即报警，遵守交法底气足；
制碰瓷，留证据，骗子自然退三里。

060 慢一步，也许更安全；
抢一秒，或许是祸患。

第十一章

家庭安全部分

001 防范思想松一松，盗贼乘机攻一攻；
防范意识紧一紧，小偷骗子退一退。

002 大门锁得紧，小偷钻不进；
宁加一把锁，不能妄开门；
提包随意放，窗外贼眼亮；
人防加技防，盗贼难进家；
事事有提防，家家享太平。

003 防火、防盗、防骗，防范意识缺一不可；
人防、物防、技防，防范措施多多益善。

004 邻里之间相互守望，鸡鸣狗盗无处躲藏；
科学设置个人密码，确保家庭财产安全。

005 消防知识多掌握，关键时候显身手：
教育小孩不玩火，独留家中莫反锁；
煤灰烟头莫乱丢，蚊香蜡烛及时收；
烧水煮饭把汤煲，气灶旁边莫离人；
液化气瓶要放正，用后及时关阀门；
若是泄漏别慌张，快关阀门快开窗；
气瓶残液不是水，千万不要往外倾；
装修现场把烟吸，人走往往大火起；
油漆粉刷禁明火，溶剂挥发易爆燃；
汽油酒精忌家存，酒后吸烟莫卧床；
走亲访友离家前，查火关气关电源；
平时脑中有所想，遇到火灾不慌张。

006 邻里之间互照看，加强戒备防偷盗；
来了生人要警惕，发现可疑速报告；
外出门窗关关牢，铁门把关最重要；
大额现金存银行，贵重物品专柜藏。
外出旅游和住店，留意消防三提示；
出入商场歌舞厅，熟悉通道安全门；
强化忧患学本领，防灾避险有常识；
一身安危系全家，全家幸福在一人。

007
高楼失火先自救，错失良机很危险；
逃生线路要看清，普通电梯不能进；
通风防烟楼梯间，快速进入来疏散；
火大烟浓莫莽动，身裹湿被匍匐行；
火若封门逃不走，利用窗户当出口；
床单被子窗帘布，结成绳索往下溜；
三楼以上勿跳楼，实在无招等人救；
跳楼技巧有许多，先将床垫扔下去；
手扒窗台脚下沉，自由落体损伤小；
基本技能要牢记，危难时刻能保命。

008
安全使用电灯泡，纸布罩灯易燃烧；
电线套管来敷设，保险禁用铜铝铁；
大功率的电器多，同时使用易惹祸；
乱接电线引火灾，乱拆电器生祸乱；
电器冒烟火花闪，立即断电速停用；
电器用时不沾水，湿布擦拭易触电；
遇人触电关电源，居家处处讲安全。

009
吃鱼尽量不说话，以防鱼刺喉咙卡；
花生黄豆嘴里扔，吸进气管要性命；
嘴含筷子险象生，跌倒撞墙刺咽喉；
空腹运动不恰当，血糖下降易晕厥；
一日三餐要守时，安全饮食享健康。

010
饭前坚持洗净手，饭后一定要漱口；
不喝生水不染病，量少多喝健康水；
劣质食品和饮料，危害身体要记牢；
腐烂食物赶紧扔，切莫心疼把己坑；
生吃瓜果洗干净，蒸炒煎炸要熟透；
野菜野果慎食用，菌菇虽香尤怕毒；
野生动物受保护，非典教训记心中；
有些食物会相克，两者同吃损健康。

011
洪水来袭高处行，土房顶上待不成；
睡床桌子扎木筏，大树能拴救命绳；
准备食物手电筒，穿暖衣服度险情。

012 台风季节听预报，固定花架移花盆；
煤气电路检查好，临时屋棚整牢靠；
走路远离广告牌，减少出行看信号。

013 暴雨形成泥石流，危险之地在下游；
逃离别顺沟底走，横向快爬上山头；
野外宿营不选沟，进山一定看气候。

014 扭伤肌肉和关节，冷水浸敷勿揉捏；
轻伤出血创可贴，重伤出血送医院；
红肿烫伤冷水冲，严重灼烫专家治；
异物掉进眼睛里，用水冲洗用力吹。

015 暴雪天气人慢行，背着风向别停脚；
身体冻僵无知觉，千万不能用火烤；
冰雪搓洗血循环，慢慢温暖才见好。

016 雷雨交加狂风作，躲避别在树下站；
铁塔线杆要离远，打雷家中也防患；
关好门窗断电源，避免雷火屋里窜。

017 龙卷风和强风暴，一旦袭来地下躲；
室内躲避离门窗，电源水源全关掉；
室外趴在低洼地，汽车里面不可靠。

018 疫情发生别麻痹，预防传染做仔细；
发现患者即隔离，通风消毒餐具净；
人受感染早就医，公共场所要少去。

019 地震来临先躲避，厨房厕所找空隙；
靠在墙角曲身体，抓住机会逃出去；
远离所有建筑物，余震蹲在开阔地。

020 边走边提开水壶，小心溢出烫伤脚；
高压锅内压力足，勤查疏通排气孔；
开水壶和热油锅，小心稳放在角落。

021 进进出出要走稳，上下楼梯靠右行；
楼道搬运锐利物，有人开道防跌撞；
管制刀具莫携带，追逐打闹是祸根；
小区进出讲文明，谦逊礼让显素养。

022 河沟水库和池塘，水深沟底乱草生，
千万不能胡乱游，会游善游别逞能；
一旦发生溺水害，荒郊野外没人听，
不会游的更可怕，稍不留神要了命；
见人溺水急呼救，杆棒伸援最管用，
抢救溺水休克者，人工呼吸头放低；
千万注意防险情，安全牢牢记在心，
游泳就去游泳馆，安全清洁更轻松。

023 星星之火，可以燎原，家中无人，关闭气源；
池塘水库，切忌私游，泳池规范，健康同行；
火灾事故，溺水丧生，安全第一，生活之本。

024 三伏天气闷又热，学生放假去游泳；
游泳消暑图清凉，家长陪护不能忘；
要去正规游泳场，安全卫生有保障；
下水之前先热身，谨慎靠近深水区；
身体状况要注意，发烧感冒不能游；
麻痹大意出事故，防溺常识要多讲。

025 安全二字记心中，防溺水有三招：
第一招：切忌野游，私自游泳很危险，不可逞
能不骄傲；
第二招：游前热身，预备动作不可少，伸手踢
腿弯弯腰；
第三招：解除抽筋，赶紧上岸很重要，扳脚捋
腿解疲劳。

026
防溺水，要注意，水渠旁边莫贪玩；
水激流，不打闹，掉进激流会要命；
洗衣服，找浅滩，深处陡坡不安全；
下雨天，路泥泞，河边易滑溺水中；
河水涨，莫强过，绕道避行才安全；
说安全，道安全，提醒互助家家安。

027
太太平平万家康乐，安安顺顺事业腾飞；
安全是幸福的桥梁，事故是痛苦的深渊。

028
放鞭炮要遵规定，安全燃放切记牢；
燃放之前看说明，规定区域才可放；
流动摊贩不合法，专营销售看执照；
种类规格要选好，超标伪劣不能要；
违规产品莫购买，引发事故不得了；
杂草丛林要避开，造成火灾可不好；
孩童喜欢放鞭炮，家人监护不能少；
点燃鞭炮赶紧跑，放时千万莫靠近；
旁观烟花需远离，灰烬尘埃眼中飘；
安详舒适过大年，千家万户齐欢笑。

029 网络世界漫无边，开阔视野天地宽；
内容丰富要选择，黄赌暴力应拒绝；
虚拟世界多变幻，健康文明保安全。

030 电话网络诈骗多，伪装亲友说想你；
人在外地或出国，卡片丢失要汇钱；
又说孩子遭意外，紧急抢救要交钱；
涉嫌洗钱和违法，安全账户转钱款；
借口我是你领导，临时用钱打过来；
一旦钱款进卡里，血本无归觅无踪；
怨天怨地怨自己，莫要焦急速报警。

031 突然从天降大奖，宝马联想和苹果；
先把税钱汇过来，奖品才能寄给我；
接到短信莫要信，钱离开手不属我；
若让对方折价汇，保证骗子不再惹。

032　小鬼独当家，防范不能少；
　　　　若有人敲门，先从猫眼瞧；
　　　　假如生人来，别把门儿开；
　　　　坏人最能骗，进门会上当；
　　　　大声打电话，歹徒最害怕；
　　　　门是保护神，安全得保障。

033　平日里，想安全，教育孩，火不玩；
　　　　扔烟头，不随便，引火种，不乱散；
　　　　燃气漏，不慌乱，阀门关，开门窗；
　　　　遇火情，断电源，先自救，后报警。

第十二章

安全纪律部分

001 违章指挥、违章作业、违反劳动纪律是三违，
严禁违章指挥，杜绝违章作业，遵守劳动纪律，
确保安全生产。

002 不伤害他人，不伤害自己，不被人伤害，
只有做到"三不伤害"，才能保证人身安全。

003 违章是隐患的《潜伏》，遵章是安全的《前度》；
违章是灾害的《天兆》，遵章是幸福的《保镖》；
违章是幸福的《咒怨》，遵章是和谐的《知音》；
违章是事故的《深渊》，遵章是守护的《英雄》。

004 不安全不生产，安全隐患不排除不生产，
安全防范措施不落实不生产，
坚持做到"三不生产"，才能保证安全生产。

005 以遵章守纪为安，以违规操作为险；
以谨小慎微为安，以马虎逞强为险；
以精力集中为安，以心神不宁为险；
以职业健康为安，以危害身心为险；
以防微杜渐为安，以心存侥幸为险；
以标准体系为安，以杂乱无章为险；
以事前预防为安，以事后补救为险；
以科学创新为安，以愚昧守旧为险。

006 遵章是安全的先导，违章是事故的根苗；
安全编织幸福花环，违章酿成悔恨苦酒。

007 思想不松防线，
作业不碰红线，
管理不划界线，
安全不越底线。

008 纪律松了绑，事故逞凶狂；
安全人人讲，三违人人抓；
隐患时时查，措施落实紧；
时刻不能松，天天要提防。

009 违章，祸之所伏，事故兵临城下；
遵章，福之所依，安全坚如磐石。

010 狠抓违章安全员要当"啄木鸟"，
遵纪守法领导人须做"马前卒"。

011 工作守规章，不图一时之便而随心所欲；
安全心中想，不趋一时之利而违章运营；
质量手中握，不乘一时之快而偷工减料；
祸从违章出，不省一时之力而投机取巧；
福从安全来，不逞一时之能而冒险作业。

012 对朋友违章表示沉默，等于把朋友往火坑推；
堵不死违章操作的路，迈不开安全生产的步。

013 班前预检要上心，交接清楚要用心；
班中巡检要有心，操作调节要精心；
班后总结要细心，安全生产才放心。

014 蚁穴失察必崩大堤，违章麻痹必招祸端；
与其事后沉痛追忆，不如事前遵章守纪。

015 阴天不一定下雨，下雨必定是阴天；
违章不一定出事，出事多半是违章。

016 规程要掌握，守规每一天；
安全在心间，美满在明天。

017 莫道违章是小事，事故教训血斑斑；
违章作业接死神，忽视安全遭祸害；
严守规程除祸根，重视安全硕果来；
敬奉安全座右铭，终生幸福乐无穷。

018 遵章守纪，赞赏你的是领导，拥抱你的是同事，
欢迎你的是亲人；
违规违纪，问责你的是领导，受牵连的是同事，
掉眼泪的是亲人。

019 铁面无私反违章，寻根究底查隐患；
现场巡视莫粗心，运行操作要认真；
你若随意变通、恶意规避、无视制度、违章指
挥、违规操作；
我必批评教育、坚决纠正、督促整改、严肃问
责、通报曝光。

020 兵熊熊一个，个人违章害一家；
将熊熊一窝，违章指挥害大家；
事苗大家纠，违反纪律人人管；
三违众人查，安全生产有保障。

021 安全铺出幸福之路，讲安全宁可"小题大做"；
违章等于自掘坟墓，凭经验切莫"自作聪明"。

022 不自重者致辱，
不遵章者招祸，
——别让父母的含辛茹苦在违章的瞬间化为乌有。

023 要把三违关在制度的笼子里。否则，当它像疯狗一样咬人的时候，关在牢笼里的就可能是你自己。

024 安全是企业的命根子，人人遵章守法纪；
规程是员工的护身符，赢得晚霞把家归。

025 熟悉水性的人，才能游好泳；
执行规程的人，才能保安全。

026 安全必须遵章，明知不可为而为之，必将终身
悔之。

027 聪明人把安全寄托在遵章上，
糊涂人把安全依赖在侥幸上。

028 今天你安全了吗？请记住三个安全处方：
拒绝违章指挥，决不违章作业，切勿违反劳动
纪律。

029 上岗饮酒犹如自杀，劝人酗酒等于害命。

030 违章是害自己、害家人、害团队、害企业和社会；
遵章是爱自己、爱家人、爱团队、爱企业和社会。

031 违章行为不可有，一时疏忽铸成一生悔恨；
安全意识不可缺，一念之差带来一世痛苦。

032 违章时间不分长短，分分秒秒要人性命；
遵章守纪不分场合，高高兴兴平安回家。

033 忘记安全制度是迈入万丈深渊的第一步；
执行安全制度是防止事故发生的隔离墙；
当你冒险违章作业前，请先想一想爱你的人和你
爱的人；
当你遵章守纪作业后，你会看到他们安然的微笑
和赞许。

034 执行安全措施到位的人，天天让人心里踏实；
贪图便利违章违纪的人，天天令人提心吊胆。

035 面对违章要处理，宁可听员工骂声，也不要听员工家属的哭声。

036 关紧安全风险阀门，筑牢我要安全防线。

037 今天若违章违纪，明天进医院牢房；
今天若敷衍滋事，明天就下岗回家；
我要安全天天念，安全落在行动上；
制度在我心中挂，生产安全有保障。

038 纪律失守，就是责任失守，就是安全失守。

039 简化作业省一时，贪小失大苦一世；
制度标准护身符，过程规范隐患除；
发现违章不去反，生产事故总来烦；
安全措施订仔细，事故祸端自然无。

040 有章不循、违章不究，安全如纸张；
有章必循、违章必纠，安全如铁桶。

041 安全不离口，抓安全生产不怕喊破嗓子；
规章不离手，抓违章违纪不能做做样子。

042 精心操作每一秒，遵章守纪每一刻，
安全生产每一天，幸福相伴每一人。

043 安全生产勿侥幸，违章蛮干要人命；
如若违章不狠抓，害人害己害大家。

044 违章作业如走钢丝，《步步惊心》；
遵章守规脚踏实地，《笑傲江湖》。

045 有章不循想当然，思想麻痹是根源；
违章作业引祸端，事故悔恨教训深。

046 违章者就是"老太太荡秋千——不要命";
违章者就是"瞎子踩高跷——盲目冒险"。

047 酒后上岗违禁令，头脑迷糊动作乱，
惩罚处理是小事，酿成事故终生悔。

048 违反规程，祸不单行，
措施到位，安而无危。

049 亲规章，远三违，安全基础必扎实；
亲三违，远规章，安全基础必动摇。

050 一个严格执行安全制度的人，即便"常在河边
走"，也能"就是不湿鞋"。

051 违章作业如同听从死神的指挥，敲响死亡的大门；
遵章作业如同接受太阳的照耀，打开能量的帆板。

052 在心生怕麻烦而意欲违规的时候，勿忘《家有儿女》；

守不住今天安全必失去明天幸福，定将《永不瞑目》。

第十三章

安全行为部分

001 凡事讲制度，做事必扎实，睡觉才踏实；
心中想安全，行动按制度，平安有保证。

002 牢固树立安全意识、风险意识、防范意识、责任意识，
时刻做到领导放心、群众满意、家庭安心、自己不悔。

003 冒险蛮干，并非《英雄本色》；
遵章守纪，才有《花样年华》。

004 重安全如履薄冰，战战兢兢，心存侥幸终酿大祸；
重安全如临深渊，小心翼翼，违反规章定出事故。

005 大意之心不可存，存必误事；
谨慎之心不能丢，丢则伤人。

006 怀敬畏生命之心，担安全环保之责；

行遵章守纪之举，享幸福安康之乐。

007 世界上最近的距离就是违反规章到发生事故的

距离；

世界上最远的距离就是要我安全到我要安全的

距离。

008 遵章守法细操作，落实安全每一天，

时时刻刻想安全，幸福与你紧拥抱；

安全我们来创造，我们生存靠安全，

我为安全作贡献，安全为我保平安。

009 干活不要潦草，危险不来打扰；

事故源自冲动，幸福来自谨慎。

010 敬畏制度，执行，丝丝入扣；

追求精细，管理，分毫不差。

011 安全需要自律、他律、律他；
自律防微杜渐，他律坦诚相待，律他责无旁贷。

012 与安全为友，天高海阔，任君翱翔；
与安全为敌，寸步难移，请君入瓮。

013 莽撞者绝非勇夫，莽撞引祸端，酿出悔恨苦酒；
谨慎者不是懦夫，谨慎得平安，筑起幸福暖巢。

014 前车之鉴，后事之师，吃一堑，长一智，
吸取自己教训避免重蹈自己的覆辙；
他山之石，可以攻玉，他亡羊，我补牢，
吸取别人教训避免再演别人的悲剧。

015 手与手拉起安全防线，
心与心筑起生命港湾，
人人都做安全行为的质检员。

016 安全无小事，小事当大事；
小事要当真，大事要细心；
小事不马虎，大事不糊涂；
事事都落实，才能不出事。

017 严谨思考，严密操作，
严格检查，严肃验证。

018 细能控得住风险，粗则保不住平安；
多一份安全预想，少一份事故威胁。

019 技能过硬不过硬，工作业绩来衡量；
工作称职不称职，安全绩效作标尺。

020 只要安全思想不滑坡，办法总比困难多；
只要安全意识不松弦，措施终将风险消。

021 安全工作时时想，胜过领导天天讲；
你和安全交朋友，平安生活长长久。

022 只要来上班，安全第一关，不能瞎凑合；
工作不惜力，集中注意力，干活不走神。

023 只有安全了，企业才有前途，才有效益可言；
只有安全了，个人才有幸福，才有快乐可讲。

024 上岗安全忘一旁，好比身后藏只狼；
集中精力莫嬉闹，好比庭院扎篱笆；
全神贯注慎安全，扎好篱笆来防狼；
发现问题及时解，驱狼消祸保家园。

025 装置巡检"勤受益，懒招损"，
安全防范"细受益，粗招灾"。

026 安全工作想一想：
上岗之前想一想，劳保用品穿齐全；
到岗作业想一想，准备工作需充分；
作业当中想一想，防范措施有保障；
高空作业想一想，乱扔乱丢不妥当；
检修完成想一想，现场环境要干净；
多为自己想一想，人身安全有保障；
随时随处想一想，安全生产树榜样。

027 马虎、凑合、不在乎，谓之大疾，是造成风险
祸患的病毒；
冒险、蛮干、瞎指挥，谓之大敌，是推向事故
深渊的黑手。

028 千条线，万条线，安全是主线；
千重要，万重要，安全最重要。

029 骄傲自满源于对安全的懵懂无知，是事故的引线；
谦虚谨慎源于对风险的深刻理解，是安全的基石。

030 事故产生三步曲：
工作中的不良习惯→习惯性违章→最终酿成事故。

031 安全生产"心连心"：
安全生产是核心，学习规章要用心，培训教育多费心；
安全管理要铁心，现场作业要上心，出了事故不省心；
当班人员是中心，各类作业要有心，消灭违章下狠心；
收发作业要当心，每个环节要细心，面对隐患有戒心；
提醒他人是好心，保护自己要小心，遵章守纪有恒心；
大家不可掉轻心，坚守岗位有决心，确保安全靠齐心。

032 雪怕太阳草怕霜，遇险就怕太慌张；
花怕凋零田怕荒，工作最怕不上心。

033 与其事事恨己不争悔当初，不如当下改变自己
有行动；
与其事后哭天抢地痛疾首，不如事前尽心履责
有担当；
与其天天烧香拜佛求平安，不如处处注重安全
有落实；
与其为昨日的失职而后悔，不如用今天的尽职
来保障。

034 生产再忙，安全不忘，人命关天，安全为先；
安全意识，不可淡化，内化于心，外化于行；
执行规程，不折不扣，求真务实，表里如一。

035 自己保安，我不伤我，你不伤你，不可轻视；
相互保安，你不伤我，我不伤你，人人受益。

036 班前讲安全，脑中添根弦；
班中查安全，操作少危险；
班后比安全，警钟常回旋。

037 班前喝了酒，上班头发昏，操作难精准，事故
随时有；
班前莫喝酒，提醒真朋友，上班精神振，事故
难沾边。

038 上班前推杯换盏，上班后天旋地转，
出事故手忙脚乱，酿苦酒辛酸难咽。

039 班前莫饮酒，精力能集中，
眼观六路事，耳听八面风，
动作十拿稳，平安全都有。

040 班前酒辣，辣口辣人辣昏头脑；
伤后药苦，苦口苦心苦透人生。

041 你马虎他大意，国家企业个人三者都不利；
讲安全都认真，国家昌盛企业兴人人受益。

042 家中想，班上想，事事想，人人为安全着想；
年年讲，月月讲，天天讲，保安全大家受奖。

043 安全安全我爱你，就像老鼠爱大米；
事故事故我恨你，害我下岗找饭吃。

044 与其祈求别人关爱，不如加强自我保护，
工作中多一分小心，家人则多十分安心。

045 安全不做事后诸葛亮，马后炮于事无补；
安全必须三思而后行，过河卒步步谨慎。

046 巡回检查要做好，免得出事做检讨；
分秒细查才安全，岁月如金惜年华。

047 钢板可以焊接，生命不能重复，珍惜生命，不忘安全；
预案必须演练，生命没有彩排，安全责任，重于泰山。

048 人生最宝贵，安全属第一，要我安全莫如我要安全；
工作为生活，安全促生产，我为安全即是安全为我。

049 平安企业在我心，安全行动由我行，
时时注意危险在，要让安全护我行。

050 行为只向优秀看齐，上岗只争技术高低。

051 芝麻大的疏忽斗大的患，一人疏忽百人忙；
技术精的操作安全的宝，行为优秀树标杆。

052 疏忽一时酿祸害，痛苦一生追悔迟；
莫因一时之侥幸，招致一生之痛苦。

053 安全=安分守己做人＋全心全意做事－疏忽大
意－心存侥幸

054 事事想安全，事故远离；
处处讲随意，事故渐近。

055 自查互查加他查，缺陷隐患不失察；
自控互控加他控，生产安全不失控；
一人把关一处安，众人把关稳如山。

056 布置工作不忘安全，
落实工作牢记安全，
检查工作细察安全，
结束工作总结安全。

057　不允许任何一个说不清；
　　　不原谅任何一个低标准；
　　　不放过任何一个小差错。

058　知险不成险，险在不知险；
　　　自控能防范，隐患不呈现；
　　　失控生麻烦，事故不间断；
　　　绷紧安全弦，防患于未然。

059　冒险的事再好也不干，不留事故给当下；
　　　该干的事再难也要干，不留隐患给未来。

060　容忍危险等于作法自毙，
　　　谨慎行事才能安然无恙。

061　安全第一永不变，预防为主不错位，
　　　处处防护都到位，人人不流事故泪。

062 我的岗位我负责，我的工作请放心。

063 安全不怕一万就怕万一，存万一的警惕，做万全的准备。

064 今天工作没安全，明天工作没着落；
没有安全就没有企业的明天，更没有个人的明天。

065 作业前，为自己，为家庭，想责任，一切要当心；
作业中，千小心，万谨慎，细操作，不能有差错；
作业后，多回顾，勤总结，有改进，今后再提高。